Wolfgang Laskowski

Biologische Strahlenschäden und ihre Reparatur

Walter de Gruyter · Berlin · New York 1981

Autor

Wolfgang Laskowski, Dr. rer. nat.
Professor für Strahlenbiologie und Genetik
Institut für Biophysik
Freie Universität Berlin
Thielallee 63–67
1000 Berlin 33

Das Buch enthält 43 Abbildungen und 8 Tabellen

CIP-Kurztitelaufnahme der Deutschen Bibliothek

Laskowski, Wolfgang:
Biologische Strahlenschäden und ihre Reparatur /
Wolfgang Laskowski. – Berlin ; New York : de Gruyter, 1981.
  ISBN 3-11-008300-0

Satz: Tutte Druckerei GmbH, Salzweg/Passau.
Druck: Karl Gerike, Berlin.
Bindearbeiten: Dieter Mikolai, Berlin.

Vorwort

Dieses Buch ist geschrieben worden, um vor allem Ärzten, medizinischen Physikern und Biologen einen Überblick über ein sich in rascher Entwicklung befindendes Forschungsgebiet zu geben. Anläßlich von Vorträgen und Vorlesungen des Autors über biologische Strahlenschäden und deren Reparatur war immer wieder der Wunsch nach einer die vielfältige Thematik übersichtlich zusammenfassenden Veröffentlichung geäußert worden. Ich hoffe, diesem Wunsch mit der Auswahl der behandelten Themen sowie der Art und Weise ihrer Behandlung annähernd entsprochen zu haben. Im Vordergrund stand dabei stets das Bemühen, einen Überblick durch Darstellung wichtiger, allgemein ablaufender Prozesse zu bieten. Sofern der Leser an spezielleren Fragestellungen interessiert ist, können ihm die am Ende jedes Kapitels angeführten Literaturhinweise weiterhelfen.

Bei der Abfassung des Manuskripts wurde ich freundlicherweise von Kollegen durch Überlassung von Bildern, kritischer Durchsicht des Manuskripts oder von Teilen desselben unterstützt. Ihnen allen sei hierfür gedankt. Zu besonderem Dank bin ich den Herren D. Frost und A. Kaul verpflichtet, die durch Hinweise zur Verbesserung des Manuskriptes beitrugen. Dank gebührt auch dem de Gruyter Verlag, der die Vorstellungen des Autors über die Ausgestaltung stets bereitwillig unterstützt hat. Möge dieses kleine Buch nun einen interessierten Leserkreis finden und dadurch seine Notwendigkeit bestätigen.

Berlin, im April 1981   W. Laskowski

Zelluläre Reparatur von Strahlenschäden

Das nebenstehende Bild faßt einige wichtige in jeder normalen Zelle ablaufende Prozesse zur Beseitigung von Strahlenschäden zusammen. Der zeitliche Ablauf erfolgt von oben nach unten. Die geflochtenen Doppelstränge (DNS-Moleküle) enthalten die für alle Lebensprozesse unentbehrlichen Informationen, die von Zelle zu Zelle vererbt werden. Rot gekennzeichnet sind zelleigene Werkzeuge, die bei der Reparatur von Strahlenschäden mitwirken.

Oben erstreckt sich von links nach rechts ein noch unbeschädigtes Informationsband. Ein Strahl ultravioletten Lichts erzeugt in dem Informationsband zwei Schadenstellen, die sich deutlich als Dreiecke hervorheben. Darunter setzen Reparaturprozesse ein. Eine Schere (Endonuclease) zerschneidet zunächst links neben der einen Schadenstelle einen Strang des Doppelstranges, darauf entfernt ein Meißel (Exonuclease) ein Strangstück mit der Schadenstelle und setzt gleichzeitig einen neuen, unbeschädigten, blauen Strang ein (Polymerase). Die zweite Schadenstelle rechts daneben wird von einem Amboß (Photolyase) besetzt, durch den bei Einfall von sichtbarem Licht als Energiequelle die Schadenstelle wieder geglättet, also beseitigt wird. Schere, Meißel und Amboß haben dann ihre Aufgaben erfüllt, sich von dem Doppelstrang gelöst und stehen für weitere Einsätze zur Verfügung. Mit einer Zange (Ligase) wird noch der neu hergestellte blaue Strang mit dem restlichen gelben Strang verbunden. Dann ist der Schaden vollständig beseitigt und auch die Zange steht für weitere Reparaturen zur Verfügung.

Ganz unten wird bereits der reparierte Doppelstrang mit Hilfe eines speziellen Vervielfältigungsgerätes (Polymerase) verdoppelt. Dieser Prozeß ist noch nicht vollständig abgelaufen. Ein Teil des Doppelstranges ist bereits verdoppelt, der Rest erwartet diesen wichtigen Vorgang noch. Ist er abgeschlossen, sind aus einem reparierten Doppelstrang zwei Doppelstränge mit identischem Informationsgehalt entstanden. Damit sind die Voraussetzungen geschaffen, daß die Zelle sich teilen kann. Aus einer Zelle können zwei Zellen werden. Die Vermehrung der Zelle mit identischem Informationsgehalt, die Grundlage aller Lebensprozesse, konnte derart trotz Strahlenschäden erfolgen. Dem Leser wird empfohlen, dieses Bild nach Studium des Kapitels 5 noch einmal zu genießen. Erst dann wird er sich wirklich daran erfreuen können und z.B. verstehen, warum der Amboß zwei Gestalten hat, frei in der Zelle und gebunden an eine Schadenstelle.

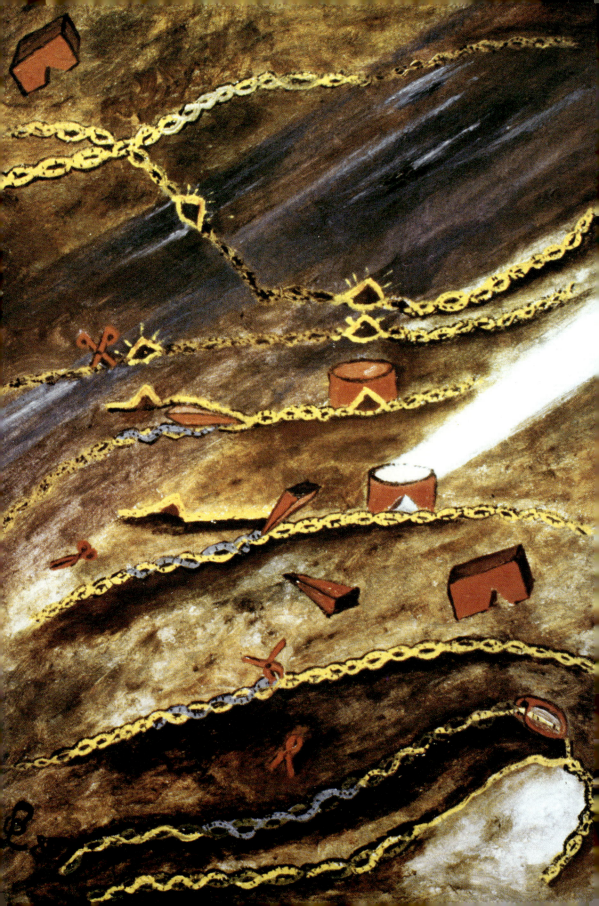

Inhalt

1. Einführung

Das Leben auf unserem Planeten Erde hätte sich zu seiner jetzigen Vielfalt nicht entwickeln können ohne die ständige Energiezufuhr in Form von Strahlen, die von der Sonne ausgesandt uns täglich erreichen. Ein Teil dieser Strahlen kann von unserem Auge wahrgenommen werden. Er dient uns u.a. zur Orientierung und beeinflußt auf vielfältige, noch recht wenig verstandene Weisen unseren Lebensrythmus.

Eine unersetzliche Energiequelle sind die für uns sichtbaren Strahlen für alle grünen Pflanzen, die, wie jeder weiß, im ständigen Dunkel recht schnell ihre Lebensfähigkeit verlieren. Da die Pflanzen eine unerläßliche Voraussetzung für das Leben tierischer Organismen sind, folgt zwingend: ohne Licht kein tierisches Leben, also auch kein Mensch.

Heute wissen wir, daß außer dem sichtbaren Licht noch andere, energiereichere Strahlen die Erdoberfläche ständig aus dem Weltall erreichen. Außerdem werden manche dieser Strahlen auch von Bestandteilen der Erdoberfläche ausgesandt. Wenn diese Strahlen auch mit unseren Sinnesorganen nicht direkt wahrnehmbar sind, so führen sie doch gelegentlich auffallende biologische Reaktionen herbei, wie z.B. bösartige Geschwülste, die zum Tod des betroffenen Organismus führen können (Abb. 1).

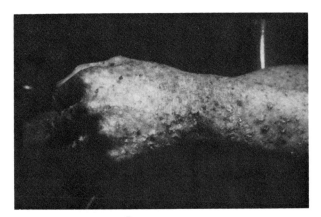

Abb. 1   Warzenartige Gebilde, Vorstufen bösartiger Geschwülste, an der Hand eines Menschen, der gegenüber Sonnenlicht überempfindlich ist (Xeroderma pigmentosum – Patient). (Aufnahme: Department of Dermatology, Erasmus Universität, Rotterdam)

Biologische Effekte dieser Art waren ein wesentlicher Anlaß für den Menschen dieses Jahrhunderts, zahlreiche Instrumente zu entwickeln, mit deren Hilfe Strahlen nachzuweisen sind. Darüberhinaus hat er aber auch Geräte entwickelt, die ihm als Strahlenquellen für wissenschaftliche, medizinische und technische Zwecke dienen. Als Folge dessen sind der Mensch und die übrigen Organismen nun nicht nur vom Weltall einfallenden sowie von der Erdoberfläche ausgesandten Strahlen ausgesetzt, sondern in zunehmendem Maße auch Strahlen, die vom Menschen selbst erzeugten Strahlenquellen entstammen.

Um die zusätzliche Strahlenbelastung möglichst gering zu halten, sind bekanntlich in vielen Ländern Gesetze erlassen worden, die bei der Verwendung künstlicher Strahlenquellen die Anwendung bestimmter Schutzmaßnahmen vorschreiben. In der Regel werden diese Strahlenschutzverordnungen ständig überprüft und von Zeit zu Zeit den neuesten Erkenntnissen und Entwicklungen angepaßt. Jeder, der mit energiereichen Strahlen zu tun hat, ist daher genötigt, sich eingehend mit den für seine Arbeitsbedingungen erforderlichen Strahlenschutzmaßnahmen zu befassen.

Im allgemeinen erfolgt eine erste Orientierung in besonderen Strahlenschutzkursen, in denen vor allem die physikalischen und strahlenchemischen Grundlagen der Wechselwirkungen zwischen energiereichen Strahlen und Materie sowie Methoden zur quantitativen Bestimmung der pro Zeiteinheit auf ein bestimmtes Gebiet auffallenden oder in einem bestimmten Volumen absorbierten Strahlenmenge (Strahlendosis) dargelegt werden. Die Kenntnisse auf diesen Gebieten sind in den letzten Jahrzehnten zwar stets verfeinert worden, sind aber im allgemeinen keinem grundlegenden Wandel mehr ausgesetzt gewesen, so daß über die strahleninduzierten physikalischen und chemischen Primärprozesse und deren Anwendung für Meßvorgänge ein breites Spektrum gültiger Literatur vorliegt.

Ganz anders ist die Situation, sobald biologische Prozesse, also die Reaktionen von Organismen auf eingestrahlte Energie, betroffen sind. Hier hat sich in den letzten Jahrzehnten der Erkenntnisstand wahrhaft sprunghaft geändert, und bis in die gegenwärtige Zeit werden immer wieder grundlegende neue Einsichten erarbeitet. Dennoch erscheint es lohnend, den Erkenntnisstand über strahleninduzierte biologische Prozesse aus heutiger Sicht einmal zu skizzieren, um demjenigen, der mit Strahlen zu tun hat oder an biologischen Strahlenwirkungen aus anderen Gründen interessiert ist, eine Orientierungshilfe zu geben. In diesem Buch wird versucht, die heute erkennbaren strahlenbiologischen Prozesse in einer allgemeinverständlichen Weise darzustellen. Das geschieht in der Hoffnung, den Leser etwas an der Spannung teilhaben zu lassen, die dieses Gebiet mit seinen uns betreffenden Problemen auszeichnet und anziehend macht.

Im Vordergrund stehen die als Folge absorbierter Strahlenenergie in der Zelle als biologischer Elementareinheit ablaufenden Prozesse. Die sich aus der Kenntnis dieser Prozesse für vielzellige Organismen, insbesondere den Menschen, ergebenden Probleme werden daraufhin erörtert. Zur ersten Übersicht über die behandelten Themenkreise sind folgende fünf Fragen gestellt, deren Beantwortung die 7 folgenden Kapitel dieses Buches dienen.

1. Welche Reaktionen werden in Materie durch die Absorption von Strahlungs-
   energie ausgelöst?
2. An welchen Bestandteilen der Zelle erfolgen die strahleninduzierten Reaktionen,
   die zu nachweisbaren biologischen Effekten führen?
3. In welcher Weise werden diese Bestandteile durch Strahlen verschiedener Qualität verändert?
4. Über welche Mechanismen verfügen Zellen, um strahleninduzierte Veränderungen zu reparieren?
5. Welche Bedeutung haben derartige Reparaturprozesse für den Menschen, das
   Leben und seine Evolution?

Damit ist der rote Faden ausgelegt, und der Leser kann entscheiden, ob ein weiteres
Vordringen für ihn von Interesse ist. Falls er sich dazu entschließt, wird er am Ende
eines jeden Kapitels Literaturhinweise finden, die es ihm erlauben, die jeweils disku-
tierten Probleme zu vertiefen und Antworten auf spezielle, in diesem Buch nicht
eingehend behandelte Fragen zu finden. Die Literaturangaben wurden auf zusammenfassende Werke, in denen die die jeweilige Thematik betreffenden Spezialarbei-
ten zitiert sind, beschränkt.

2 Einige Voraussetzungen zur verständnisvollen Erörterung biologischer Strahlenschäden

Wenn Strahlen biologische Wirkungen hervorrufen, so erreichen sie das dadurch, daß sie dem Organismus Energie zuführen. Als eine von vielfältigen Möglichkeiten zur Energieübermittlung können also Strahlen dienen. Andere Möglichkeiten der Energieübertragung sind z.B. Verabreichung von energiereichen Molekülen, also Futter, oder von mechanischen Stößen, also Schlägen. Bereits diese letzteren Beispiele zeigen, daß nicht jede Energiezufuhr für einen Organismus nutzvoll ist. Futter ist in der Regel nutzvoll, Schläge sind in der Regel nicht nutzvoll.

Wenn wir biologische Strahlenschäden erörtern wollen, ist es sinnvoll, sich zunächst einmal zu fragen, wie denn überhaupt der Energiegehalt einer Strahlung angegeben wird. Als nächstes stellt sich dann folgendes Problem: Wir wissen, daß es für unsere Augen sichtbare und nicht sichtbare Strahlen gibt. Wir werden darüberhinaus auch gleich erfahren, daß die nichtsichtbaren Strahlen von sehr verschiedener Qualität sein können. Haben nun die verschiedenen Strahlenqualitäten oder Strahlenarten alle die gleiche Energie oder unterscheiden sie sich im Energiegehalt?

Erst wenn wir wenigstens einen groben Überblick über den Energiegehalt verschiedener Strahlenarten und über anwendbare Maßeinheiten zur quantitativen Bestimmung der Strahlenenergie haben, können wir die Entstehung biologischer Strahlenschäden und die relative biologische Wirksamkeit dieser oder jener Strahlung verständnisvoll erörtern.

2.1 Strahlen und Energie

Wir wollen zunächst einmal diejenigen Strahlenarten, denen der Mensch auf der Erdoberfläche vornehmlich ausgesetzt ist, zusammenstellen und dabei Hinweise über ihre Herkunft und Energie geben (s. Tab. 1).

Strahlenquellen lassen sich drei Herkunftsbereichen zuordnen:
a) Weltraum,
b) natürliche und
c) künstliche Strahlenquellen auf der Erdoberfläche.

Strahlen können, abgesehen vom Schall, bekanntlich einer von zwei Gruppen zugeordnet werden:
1. Korpuskularstrahlen,
2. elektromagnetischen Wellenstrahlen.

Tabelle 1
Herkunft und Energie von Strahlenarten, denen der Mensch auf der Erdoberfläche vornehmlich ausgesetzt ist.

Strahlenherkunft	Strahlenart	Strahlenenergie in eV
Aus dem Weltraum	Höhenstrahlung a) Korpuskularstrahlen: Gemisch hochenergetischer Elektronen, Positronen, Mesonen, Neutronen	bis zu etwa 10^9
	b) Wellenstrahlen: γ-Strahlen	etwa 10^7
	Röntgenstrahlen	etwa 10^5
	langwellige ultraviolette Strahlen (UV)	3–6
	sichtbares Licht	1–3
Von der Erdoberfläche natürliche Strahlenquellen: (radioaktive Elemente) in anorganischem und organischem Material	α-, β-, γ-Strahlen	bis zu einigen 10^6
künstliche Strahlenquellen: Röntgengeräte	Röntgenstrahlen	$5 \cdot 10^4$ bis $3 \cdot 10^5$
Cobalt-Telegammageräte	γ-Strahlen	etwa $2 \cdot 10^6$
Betatron	Elektronenstrahlen Röntgenbremsstrahlen	$2 \cdot 10^7$ bis $6 \cdot 10^7$
UV-Lampe	ultraviolettes Licht (UV)	3–10

Strahlen der ersten Gruppe bestehen aus schnell fliegenden kleinen Korpuskeln oder Teilchen. Diese Teilchen sind Bestandteile von Atomen wie z.B. Elektronen (β^--Strahlen), Positronen (β^+-Strahlen), Mesonen, Neutronen und Protonen, oder es sind ganze Atomkerne, wie z.B. Helium-Kerne (α-Strahlen). Die Teilchen kommen im Weltraum vor. Für Versuchszwecke können sie auch auf der Erdoberfläche isoliert und z.T. in bestimmten Maschinen beschleunigt werden. Der Energiegehalt von Korpuskularstrahlen ist abhängig von der Masse und der Geschwindigkeit der Teilchen. Je größer Masse und Geschwindigkeit, desto größer ist die Energie der Strahlung. Das ist leicht einzusehen, denn wir wissen alle, daß z.B. ein schnell fliegender Ball mehr Energie als ein langsam fliegender Ball von gleicher Masse hat. Man merkt es beim Fangen. Und bei gleicher Geschwindigkeit hat ein Medizinball mehr Energie als ein Tennisball. Auch das merkt man beim Fangen.

Strahlen der zweiten Gruppe bestehen aus Wellenpaketen, Photonen oder Quanten genannt.[1] Zu ihnen gehören neben dem sichtbaren Licht z.B. ultraviolette Strahlen (UV), Röntgenstrahlen und γ-Strahlen. Photonen fliegen immer mit Lichtge-

---

[1] Quanten oder Photonen sind eine Art Korpuskel der elektromagnetischen Wellenstrahlung. Wellenstrahlung hat, wie Einstein erkannte, sowohl Wellen- als auch Teilchennatur. Man spricht daher z.B. von der „Dualität des Lichts".

schwindigkeit ($3 \cdot 10^5$ km pro Sekunde). Ihre Energie ist abhängig von der Wellenlänge. In den Beispielen wird die Wellenlänge vom sichtbaren Licht bis zu den γ-Strahlen immer kürzer. Je kürzer die Wellenlänge, desto energiereicher ist die Strahlung.

Folgende Gleichungen machen den Zusammenhang von Masse, Geschwindigkeit, Wellenlänge und Energie (E) deutlich:

$$E = \frac{m \cdot v^2}{2} \tag{1}$$

$$E = h \cdot v = \frac{h \cdot c}{\lambda} \tag{2}$$

Die Symbole haben folgende Bedeutung:

h = Plancksches Wirkungsquantum ($6{,}63 \cdot 10^{-34}$ J $\cdot$ s)

v = Frequenz $\left(v = \dfrac{c}{\lambda} \right)$

c = Lichtgeschwindigkeit ($3 \cdot 10^8$ m $\cdot$ s^{-1})
λ = Wellenlänge
m = Teilchenmasse
v = Geschwindigkeit des Teilchens nach Durchfliegen einer Spannung V

Für quantitative Angaben über die jeweilige Energie der Strahlen ist nun eine Energieeinheit notwendig. Vielen Lesern wird die „Kalorie" wohl die bekannteste Energieeinheit sein. Die in Tab. 1 in Elektronenvolt (eV) angegebene Strahlenenergie ist aber für unsere Zwecke ein anschaulicheres Maß. Die Einheit 1 eV ist diejenige Energie, die ein Elektron beim Durchfliegen einer Spannung von 1 Volt erhält. 100 eV ist dann die Energie, die ein Elektron beim schnelleren Durchfliegen von 100 V erhält.

In einer internationalen Vereinbarung haben sich die Wissenschaftler neuerdings geeinigt, als Maß für Energie eine Einheit zu benutzen, die mit dem Namen des englischen Physikers Joule (1818–1889) benannt wird, durch das Symbol J gekennzeichnet ist, und das Produkt von Cb $\cdot$ V ist (Cb steht für Coulomb, französischer Physiker, 1736–1806). Das Coulomb steht mit der bekannten Stromgröße Ampere (A), benannt nach dem französischen Mathematiker und Physiker Ampère (1775–1836), in folgender Beziehung:

$$1 \,\text{Cb} = 1 \,\text{A} \cdot \text{s}$$

Die verschiedenen Energieeinheiten lassen sich ineinander umrechnen. Da ein Elektron eine Elementarladung e von $1{,}6021 \cdot 10^{-19}$ Cb besitzt, gilt

$$1 \,\text{eV} = 1{,}6021 \cdot 10^{-19} \,\text{Cb} \cdot \text{V} = 1{,}6021 \cdot 10^{-19} \,\text{J} \,.$$

Da

$$1\,\mathrm{J} = 0,2389\,\mathrm{cal}\,,$$

entspricht

$$1\,\mathrm{eV} = 0,3827 \cdot 10^{-19}\,\mathrm{cal}\,.$$

Wir haben jetzt eine erste Vorstellung von Energieeinheiten bekommen, die zur Charakterisierung von Strahlen angewendet werden können. Für unsere Zwecke wollen wir die relativ anschauliche Einheit eV verwenden. Ein Studium der Tabelle 1 zeigt nun, daß sich die Energien der angeführten Strahlen maximal um etwa 9 Zehnerpotenzen unterscheiden. Die geringste Energie in der Tabelle haben die Quanten des sichtbaren Lichts mit 1 bis 3 eV, während Partikel der Höhenstrahlung Energien von $10^9\,\mathrm{eV}$ erreichen können.

Nun erzeugt sichtbares Licht bekanntlich keine biologischen Schäden, sondern ist für Lebensprozesse unersetzlich als Energiequelle bei der Photosynthese und als Orientierungsmittel für alle mit optischen Sinnesorganen ausgerüstete Organismen. Biologische Schäden werden aber z.B. durch Röntgenstrahlen, deren Quanten eine Energie von 10^3 bis $10^5\,\mathrm{eV}$ haben können, hervorgerufen. Es ergibt sich also die Frage: Wo liegt die Schwelle innerhalb einer Energieskala von 10^0 bis $10^9\,\mathrm{eV}$, bei deren Überschreitung biologische Schäden auftreten, und welche molekularen Prozesse sind die Ursache dafür?

2.2 Ionisierende und nichtionisierende Strahlen

Es ist allgemein üblich, Strahlen in die Gruppe der ionisierenden oder der nichtionisierenden Strahlen einzuordnen. Dadurch wird das Vorhandensein oder Fehlen eines wichtigen Effektes bei der Wechselwirkung zwischen Strahlen und Materie gekennzeichnet. Ionisierende Strahlen verursachen die Bildung von Ionen als Folge ihrer Absorption in Materie, d.h. sie sind in der Lage, Elektronen aus Atomen herauszuschlagen. Mit einem Elektron verliert ein Atom eine negative Ladung und wird zu einem positiv geladenen Ion. Als Folge einer Ionisation kann ein Molekül zerfallen. Das freigesetzte Elektron kann für sich allein oder nach Anlagerung an einen neutralen Atomkomplex als negatives Ion existieren. Es treten also als Folge eines Ionisationsereignisses „Ionenpaare" aus positiven Ionen und Elektronen bzw. negativen Ionen auf.

Das Freisetzen von Elektronen erfordert natürlich Energie. Die zur Bildung eines Ionenpaares notwendige Energiemenge läßt sich am eindeutigsten bei der Durchstrahlung von Gasen bestimmen. Dabei hat es sich gezeigt, daß eine Energie von etwa 34 eV bei der Bildung eines Ionenpaares in Gasen absorbiert wird, also dazu notwendig ist. Für die Bildung eines Ionenpaares in Flüssigkeiten oder Festkörpern konnte die notwendige Energie bisher experimentell nicht genau bestimmt werden. Alle vorliegenden Versuchsergebnisse lassen sich jedoch unter der Annahme interpretieren, daß in diesen Materialien ein Energiebetrag von 30 bis 60 eV zur Bildung eines Ionenpaares notwendig ist. Ein Blick auf Tab. 1 zeigt, daß alle Korpuskularstrahlen über die zur Bildung von Ionenpaaren notwendige Energie verfügen. Das gleiche gilt für Quanten der γ-Strahlen und Röntgenstrahlen, jedoch nicht für Quanten von UV und sichtbarem Licht.

Einen Überblick über Energie und Wellenlänge der Quanten des elektromagnetischen Spektrums bietet Abb. 2. Wie man sieht, nimmt die Energie der Quanten mit der Abnahme der Wellenlänge zu. Dieser Tatbestand ist bereits aus Gleichung 2 auf Seite 6 erkenntlich geworden. Während also die Quanten von Röntgenstrahlen und allen elektromagnetischen Strahlen mit kürzeren Wellenlängen genügend Energie zur Erzeugung von Ionen besitzen, haben die Quanten von UV und allen elektromagnetischen Strahlen mit längeren Wellenlängen eine Energie, die kleiner als 30 eV ist.

Wir haben oben nach der Energieschwelle gefragt, die überschritten werden muß, um biologische Schäden auszulösen. Jetzt wollen wir gezielter fragen: Ist diese Energieschwelle identisch mit der Ionisationsenergie von 30 bis 60 eV?

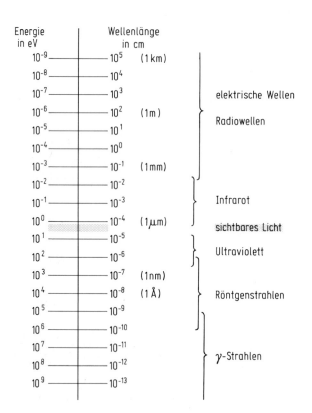

Abb. 2 Spektrum der elektromagnetischen Wellenstrahlung

Diese Frage ist mit einem klaren Nein zu beantworten, da ultraviolettes Licht ebenfalls biologische Schäden auslösen kann (s. Abb. 1).

Es ergibt sich also die Frage:
Welche molekularen Reaktionen treten als Folge der Absorption von UV-Strahlen
auf?

Zunächst ist ein wichtiger Unterschied bei der Absorption energiereicher Strahlung
und energiearmer Strahlung in Materie hervorzuheben. Während z.B. Röntgenstrahlen ihre Energie mehr oder minder gleichmäßig an alle Moleküle eines bestrahlten Objektes abgegeben und diese ionisieren, erfolgt die Absorption der Energie der nichtionisierenden ultravioletten Strahlen wie auch des sichtbaren Lichts
nur an bestimmten Molekülen, den sogenannten Chromophoren. Da Chromophoren in der Regel nicht gleichmäßig in der Zelle verteilt sind, sondern in bestimmten
Zellbereichen konzentriert vorkommen, erfolgt die Energieabgabe von UV oder
sichtbarem Licht also nur in bestimmten Zellbereichen, in anderen nicht.

Aus Abb. 2 ist erkenntlich, daß ultraviolettes Licht durch eine elektromagnetische
Wellenstrahlung mit Wellenlängen von 100 bis 400 nm ausgezeichnet ist. Längere
Wellenlängen von 400 bis 750 nm sind für das menschliche Auge sichtbar. Von
bestimmten Chromophoren werden nun solche UV-Quanten absorbiert, deren
Energie gerade ausreicht, ein Elektron des Chromophors aus einem „niedrigen"
Energiezustand E_1 in einen „höheren" Energiezustand E_2 zu überführen. Es muß
also folgende Beziehung realisiert sein:

$$E_2 - E_1 = h \cdot v,$$

da Elektronen nicht unbegrenzt verschiedene Energiezustände, sondern nur bestimmte stabile Zustände einnehmen können.

Von verschiedenen möglichen Energiezuständen eines Elektrons wird der energie-
ärmste Zustand „Grundzustand" genannt. Energiereichere Elektronenzustände
bezeichnet man als „Anregungszustände". Die Absorption von UV-Quanten mit
einer bestimmten Energie kann also nicht zur Anregung aller Moleküle führen,
sondern nur zur Anregung derjenigen Moleküle, deren Elektronenausrüstung es
erlaubt, daß Energieänderungen $E_2 - E_1$ auftreten, die der Energie $h \cdot v$ der UV-
Quanten gleich sind. Das ist bei Chromophoren der Fall. In der Zelle enthalten z.B.
Nucleinsäuren und Proteine derartige Chromophoren für UV, während Chloro-
phyll und Karotinoide Chromophoren für sichtbares Licht sind.

Es bleibt zu erörtern, warum die Anregung bestimmter Chromophoren durch UV
zu biologischen Schäden führt, während die Anregung anderer Chromophoren
durch sichtbares Licht durchaus vorteilhaft für die Zelle ist. Diese Erörterung führt
uns direkt ins Zentrum der Diskussion biologischer Strahlenschäden und wird in
Kapitel 4 erfolgen.

Zunächst bleibt aber noch eine wichtige Voraussetzung zu klären. Wir wissen jetzt etwas über den unterschiedlichen Energiegehalt verschiedener Strahlenarten und ihre damit zusammenhängende Wirkung auf Materie. Ob der Energiegehalt einer Strahlung nun groß oder klein ist, die biologische Wirkung hängt stets auch von der Menge der absorbierten Strahlung, also der Anzahl der im Organismus erzeugten Ionisationen oder Anregungen ab. Um biologische Strahlenschäden quantitativ beurteilen zu können, brauchen wir also noch ein Maß für die Menge der pro Volumeneinheit absorbierte Strahlenenergie, man nennt ein solches Maß die „Strahlendosis". Welche Einheiten man für die Strahlendosis verwendet, was diese besagen und welche Unterschiede in Strahlendosis-Angaben für ionisierende und nichtionisierende Strahlen auftreten, wird im nächsten Absatz behandelt.

2.3 Strahlendosis

Wie man sich leicht vorstellen kann, ist eine Voraussetzung für jede quantitative Beurteilung biologischer Strahlenschäden eine genaue Bestimmung der Menge der vom Organismus absorbierten Strahlenenergie. Dabei ist zu berücksichtigen, daß nicht alle auf einen Organismus auffallenden Strahlen von diesem auch absorbiert werden. Biologische Reaktionen werden jedoch nur ausgelöst durch den Anteil der Strahlung, der vom Organismus absorbiert wird. Derjenige Anteil der Strahlung, der den Körper durchdringt und aus dem Körper unabsorbiert wieder austritt, erzeugt keine Wechselwirkung mit Materie und damit keine biologischen Effekte. Es genügt daher in der Regel nicht, die von einer bestimmten Strahlenquelle ausgesandte Strahlenmenge pro Zeiteinheit festzustellen, sondern es muß der Anteil der in einem bestimmten Substrat (z.B. Gewebe) absorbierten Strahlenmenge ermittelt werden. Das gelingt bei ionisierenden Strahlen, ist aber bei nichtionisierenden Strahlen, infolge ihrer selektiven Absorption an bestimmten Chromophoren, deren genaue Anzahl in der Regel unbekannt ist, nicht erreichbar.

Als Menge der absorbierten Strahlenenergie kann bei ionisierenden Strahlen, die ja nicht selektiv Energie an bestimmte Moleküle abgeben, sondern die Energieabgaben annähernd gleichmäßig im bestrahlten Objekt verteilen, die pro Maßeinheit absorbierte Energiemenge definiert werden. Als Energieeinheit gehen wir von der uns schon bekannten Einheit J aus (s. S. 6). Eine absorbierte Energiemenge von 10^{-5} J pro g Körpergewebe, entsprechend 10^2 erg/g, wurde für lange Zeit als Einheit für die Strahlendosis bei Anwendung ionisierender Strahlung angenommen und durch das Symbol „rad" (für *radiation absorbed dose*) gekennzeichnet. Ein rad entspricht für nicht zu kleine Energien und Weichgewebe etwa einem R (Röntgen), das manchem Leser vertrauter sein mag, aber wie das rad nur bis 1985 verwendet werden soll. Dann soll die Einheit in Coulomb (s. S. 6) ausgedrückt werden. Es entspricht

$$1\,\text{R} \quad = 2{,}58 \cdot 10^{-7}\,\text{Cb/g}\,,$$
$$1\,\text{R} \quad \approx 0{,}93\,\text{rad}\,,$$

$$1\,\text{rad} = 10^{-5}\,\text{J/g} = 10^2\,\text{erg/g},$$
$$1\,\text{rad} = 0{,}01\,\text{Gy}^1).$$

Bedeutung und Maß der Einheiten rad oder Gy werden aus einem Beispiel klar erkenntlich, in dem die für einen Menschen tödliche Strahlendosis angegeben ist. Wenn der ganze Körper eines Menschen z.B. 700 rad oder 7 Gy absorbiert, so führt diese Menge absorbierter Strahlenenergie zum Tod des Bestrahlten. Veranschaulichen wir uns diese Energiemenge nun einmal durch Umrechnung in die uns vertraute Energieeinheit Kalorie. 700 rad entsprechen, wie oben dargelegt, $700 \cdot 10^{-5}$ J pro g. Wenn ein Mensch z.B. 80 kg wiegt, ergibt sich also, daß eine Energiemenge von

$$700 \cdot 10^{-5} \cdot 8 \cdot 10^4 = 560\,\text{J}$$

in seinem Körper absorbiert wurde. Da abgerundet

$$1\,\text{J} = 0{,}24\,\text{cal},$$

sind $560\,\text{J} = 134\,\text{cal}$.

Nun enthält eine Tasse mit warmem Wasser etwa 100 Kalorien. Jeder weiß, daß das Schlucken dieser Menge warmen Wassers nicht zum Tod des Menschen führt, da die zugeführte Energiemenge außerordentlich klein ist. Wird diese Energiemenge als Wärmeenergie zugeführt, tritt kein bleibender biologischer Effekt ein. Wird sie aber in Form von Strahlenenergie absorbiert, führt das den Tod des Menschen herbei.

Aus der Tatsache, daß eine große biologische Wirkung durch Zuführung einer sehr kleinen Menge von Strahlenenergie erreicht werden kann, können wir auf das Vorhandensein eines Verstärkermechanismus im Organismus schließen. Bei der Analyse der strahleninduzierten molekularen Schäden, die zu biologischen Wirkungen führen, wird also nach möglichen *Verstärkermechanismen* zu suchen sein.

Zu Beginn dieses Abschnitts wurde schon erwähnt, daß bei UV-Bestrahlungen Angaben über die absorbierte Dosis in der Regel nicht möglich sind, da eine selektive Absorption an bestimmten Chromophoren erfolgt. Die für die „UV-Dosis" verwendete Einheit gibt daher nur eine auf die Oberfläche auftreffende Energiemenge an, z.B. als $\mu\text{J} \cdot \text{cm}^{-2}$ oder $\text{J} \cdot \text{m}^{-2}$. Wieviel von dieser Energie absorbiert wird, hängt von der Anwesenheit und Konzentration spezieller Chromophoren ab.

Bei vielzelligen Organismen erreichen UV-Strahlen auch nur Zellen an der Oberfläche des Organismus und nicht Zellen, die tiefer unter der Oberfläche liegen. Dazu ist die Energie der UV-Quanten, die nur einige eV beträgt, zu gering. Erinnern wir uns daran, daß Röntgenquanten, die einen menschlichen Körper durchdringen, durch eine 10^4 bis 10^5 fach höhere Energie ausgezeichnet sind (s. Tab. 1 auf S. 5).

---

[1] In jüngster Zeit ist man übereingekommen, die Einheit Gy zu benutzen. Diese Einheit ist nach dem englischen Physiker Gray (1905–1965) benannt.

2.4 Über Unterschiede in der biologischen Wirksamkeit verschiedener ionisierender Strahlen und deren Ursachen

Wir haben bisher erfahren, daß UV-Licht durch Anregung bestimmter Moleküle und ionisierende Strahlen durch Erzeugung von Ionisationen biologische Schäden herbeiführen können. Wir haben ebenfalls erfahren, daß die Energie von UV-Quanten einige eV beträgt, während die Energie von Quanten oder Korpuskeln ionisierender Strahlen um einige Zehnerpotenzen größer ist. Wie ein Blick auf Tab. 1 (S. 5) zeigt, können sich die Energien verschiedener ionisierender Strahlenarten auch um mehrere Größenordnungen voneinander unterscheiden. Im Rahmen unserer Vorbereitung auf eine verständnisvolle Diskussion biologischer Strahlenschäden bleibt nun noch zu klären, ob die unterschiedliche Energie verschiedener ionisierender Strahlenarten einen Einfluß auf das Ausmaß biologischer Strahlenschäden hat. Kommt es zur Herbeiführung eines biologischen Schadens nur darauf an, daß Ionisationen im Organismus erzeugt werden, oder hat die Energie der die Ionisationen erzeugenden Strahlen auch einen Einfluß?

Machen wir zur Klärung einen einfachen Versuch, z. B. mit zwei Zellsuspensionen einer Backhefe. Beide Suspensionen werden mit einer gleichen Strahlendosis bestrahlt. Während wir aber die erste Suspension mit Röntgenstrahlen, die eine Quantenenergie von $5 \cdot 10^4$ eV haben, bestrahlen, setzen wir die zweite Suspension α-Strahlen mit einer Energie von $3 \cdot 10^6$ eV aus. Da wir die gleiche Strahlendosis appliziert haben, wird also auch pro Zelle in beiden Suspensionen die gleiche Energiemenge absorbiert, also auch etwa die gleiche Anzahl von Ionenpaaren pro Zelle erzeugt. Nach der Bestrahlung bringen wir die Zellen auf einen geeigneten festen Nährboden, bebrüten sie bei 30 °C, und kontrollieren nach 3 Tagen, wieviel Kolonien sich gebildet haben. Alle Zellen, die die Bestrahlung überlebt haben, vermehren sich nämlich auf dem Nährboden und bilden nach 3 Tagen eine mit bloßem Auge wahrnehmbare Kolonie. Diejenigen Zellen, die durch die Bestrahlung abgetötet wurden, vermehren sich nicht, es entsteht also keine Kolonie. Wir können nun durch einen Vergleich des Prozentsatzes der Kolonien, die nach Röntgenbestrahlung aufgewachsen sind, mit dem Prozentsatz der Kolonien, die nach α-Bestrahlung aufgewachsen sind, feststellen, ob beide Strahlenarten eine gleichgroße biologische Wirkung hervorgebracht haben oder nicht.

Die Koloniezählung ergibt, daß nach α-Bestrahlung nur etwa halb soviele Kolonien aufgewachsen sind wie nach Röntgenbestrahlung.

Wir stellen also fest:
Bei gleicher Strahlendosis ist mit α-Strahlen eine doppelt so große biologische Wirkung, in diesem Fall der Tod der Zelle, zu erzielen wie mit Röntgenstrahlen.

Beide Strahlenarten haben also eine unterschiedliche biologische Wirksamkeit. Allgemein spricht man von der relativen biologischen Wirksamkeit (RBW) verschiedener Strahlenarten und vergleicht dabei jeweils die biologische Wirksamkeit einer Strahlenart mit derjenigen von Röntgenstrahlen. In unserem Fall ist also die RBW von α-Strahlen 2.

Eingehende Vergleiche der Wirkung verschiedener Strahlenarten bei zahlreichen Organismusarten haben nun gezeigt, daß die relative biologische Wirksamkeit von Energie und Masse der Strahlenpartikel abhängig ist. Energie und Masse beeinflussen nämlich die örtliche Verteilung der Ionisationsereignisse im durchstrahlten Gewebe. Ionisationen können in einem bestimmten Volumen zufällig verteilt auftreten, wie das z.B. bei Röntgenstrahlen geschieht, oder sie können auf einzelnen Bahnen dicht gedrängt beieinanderliegen. Letztere Verteilung ist z.B. für Protonen-Strahlen typisch (s. Abb. 3). Die dicht beieinander gelagerten Ionisationen sind eine Folge der großen Masse der Protonen.

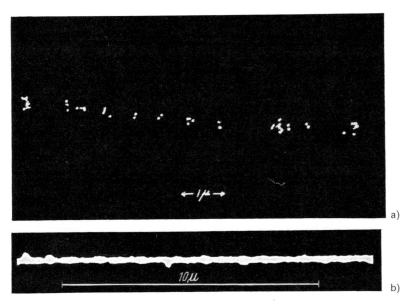

a)

b)

Abb. 3 Nebelkammerspur
a) eines 1MeV Elektrons, das Ionisationen in getrennten Häufchen erzeugt hat,
b) eines Protons mit dichter Ionisationsbahn.
(Aus: Bacq u. Alexander, 1958).

Vergleicht man die Ionisationsdichte verschiedener Korpuskularstrahlen mit der Masse der Teilchen, so erkennt man, daß die Ionisationsdichte mit zunehmender Masse der Strahlenpartikel zunimmt. Z.B. ionisieren beschleunigte Sauerstoffatomkerne, die die vierfache Masse von Heliumatomkernen haben, wesentlich dichter als α-Strahlen.

Ob dichte oder locker verteilte Ionisationen auftreten, hängt davon ab, in welchen räumlichen Abständen Energie von Strahlenpartikeln oder Quanten auf Materie übertragen wird. Um quantitative Angaben machen zu können, verwendet man für lineare Energieübertragung, auch *l*inearer *E*nergie*t*ransfer (LET) genannt, die Einheit eV/µm oder eV/g cm^{-2}. So erreicht man z.B. mit $5 \cdot 10^4$ eV Röntgenquanten LET-Werte von $2 \cdot 10^3$ eV/µm, mit $3{,}1 \cdot 10^6$ eV α-Strahlen einer Poloniumquelle solche von etwa $1{,}3 \cdot 10^5$ eV/µm und mit beschleunigten $1 \cdot 10^8$ eV Sauerstoffatomkernen LET-Werte von $3{,}4 \cdot 10^5$ eV/µm. Diese Zahlen geben ein quantitatives Beispiel dafür, daß die lineare Energieübertragung, also die Ionisierungsdichte, mit zunehmender Masse der Strahlenpartikel zunimmt.

Für die relative biologische Wirksamkeit unterschiedlich dicht ionisierender Strahlen gibt es aber keine allgemeingültigen Werte. Die RBW einer bestimmten Strahlung muß für jeden Organismus und für jeden biologischen Effekt eingehend bestimmt werden. Generell hat sich allerdings herausgestellt, daß die relative biologische Wirksamkeit mit zunehmender Ionisierungsdichte zunächst zunimmt und bei ganz dicht ionisierenden Strahlen, wie z.B. beschleunigten Sauerstoffatomkernen, wieder abnimmt. Die Zunahme der relativen biologischen Wirksamkeit ist wohl darauf zurückzuführen, daß bei dicht beieinanderliegenden Ionisationen die Wahrscheinlichkeit für die Auslösung einer bleibenden Strukturänderung, die einen biologischen Effekt auslöst, größer ist als bei weiter verstreut auftretenden Ionisationen. Die Abnahme der RBW bei extrem dicht liegenden Ionisationsereignissen ist auf eine „Übersättigung" zurückzuführen. Wenn man in Strukturen, die schon zerstört worden sind, noch weitere Ionisationen hervorruft, so wird Energie vergeudet, aber kein zusätzlicher Effekt erzielt. Anschaulich ausgedrückt: Es ist zuviel Munition unnötig verschossen worden.

Damit haben wir einiges über Strahlenenergie, ihre Absorption in der Materie, und Mittel, diese Tatbestände quantitativ zu beschreiben, kennengelernt. Obwohl über die physikalischen Primärprozesse der Wechselwirkung zwischen Strahlenenergie und Materie sehr viel mehr bekannt ist, wollen wir uns mit diesen Kenntnissen als notwendige Voraussetzung für eine verständnisvolle Erörterung biologischer Strahlenschäden begnügen. In den folgenden Kapiteln wird nun näher auf die für biologische Effekte wichtigen Strahlenschäden eingegangen. Bisher haben wir stets nur von strahleninduzierten Strukturänderungen (Anregung oder Ionisation) in Molekülen gesprochen, jetzt gilt es zu erfahren, um welche Moleküle es sich handelt, welche Bedeutung diese für die Zelle haben und welche Konsequenzen ihre strahleninduzierte Veränderung für die Lebensprozesse der Zelle haben.

Literaturhinweise

Bacq, Z.M., P. Alexander: Grundlagen der Strahlenbiologie. Stuttgart 1958
Diethelm, L., O. Olsson, F. Strnad, H. Vieten, A. Zuppinger (Herausgeber): Handbuch der medizinischen Radiologie, Band II, Teil 1, Strahlenbiologie. Berlin, Heidelberg, New York 1966
Fritz-Niggli, H.: Strahlengefährdung, Strahlenschutz. Bern 1975
Hug, O.: Medizinische Strahlenkunde. Berlin, Heidelberg, New York 1974
Jaeger, R.G. und W. Hübner: Dosimetrie und Strahlenschutz. Stuttgart 1974
Kiefer, J.: Biologische Strahlenwirkung. Berlin, Heidelberg, New York 1981
Krebs, A.: Strahlenbiologie. Berlin, Heidelberg, New York 1968
Rüchardt, E.: Sichtbares und unsichtbares Licht. Berlin, Göttingen, Heidelberg 1952
Varteresz, V.: Strahlenbiologie. Budapest 1966

3 Die Zelle als elementare Einheit aller Lebensprozesse

Wir beginnen unser Leben als befruchtete Eizelle. Durch Teilungen werden aus dieser einen Zelle zunächst zwei, dann vier, acht, sechzehn und fortlaufend mehr Zellen. Man schätzt, daß der erwachsene Mensch aus etwa 100 Billionen (10^{14}) Zellen besteht. Im Gegensatz dazu gibt es viele Lebewesen, die nur aus einer Zelle bestehen, wie z.B. die Bakterien, viele Hefepilze oder Algen. Von vielzelligen Lebewesen, z.B. auch vom Menschen, kann man einzelne Zellen isolieren und diese in oder auf geeigneten Nährmedien zur Vermehrung bringen. Sie teilen sich und leben also. Manche Zellkulturen vielzelliger Lebewesen werden bereits auf diese Art und Weise seit Jahrzehnten im Laboratorium kultiviert.

Die Zelle ist also die kleinste lebensfähige Einheit im Reich der Lebewesen, die sich selbständig vermehren kann. Viren sind bekanntlich zwar noch sehr viel kleiner als Zellen und können sich in kurzer Zeit auch sehr stark vermehren, aber sie brauchen zu ihrer Vermehrung stets eine Zelle. Nur in Zellen können sich Viren vermehren, weil sie deren Lebensprozesse ausnutzen und für ihre, also die Virus-Vermehrung, umprogrammieren. Wenn wir uns mit den kleinsten lebensfähigen Einheiten beschäftigen wollen, kommen Viren also nicht in Betracht, und wir müssen uns den Zellen zuwenden.

Wir haben soeben festgestellt, Zellen können sich unter geeigneten Kulturbedingungen vermehren, also leben sie. Was heißt denn nun ,,Zellen leben"? Welche Prozesse laufen in Zellen ab und bewirken, daß sich Zellen vermehren können?

Wir wollen uns auch hier kurz fassen und nur das Notwendigste für ein Verständnis der Lebensprozesse herausarbeiten. Denn erst wenn wir wissen, welche Prozesse Grundlage der Lebensvorgänge von Zellen sind, werden wir verstehen können, wie sich strahleninduzierte Veränderungen von Zellstrukturen auf Lebensprozesse auswirken.

3.1 Einige wichtige Bestandteile der Zellen und deren Bedeutung für strahleninduzierte biologische Schäden

Zur Vermehrung von Zellen müssen folgende drei Voraussetzungen erfüllt sein:
Erstens müssen die notwendigen Baumaterialien verfügbar sein,
zweitens ist Energie erforderlich,
drittens müssen Informationen über den Einsatz von Baumaterialien und Energie vorhanden sein.

Die Baumaterialien werden der Umwelt der Zelle entnommen. In der Regel werden aufgenommene größere Moleküle in der Zelle zunächst zerlegt und verändert, bevor für die jeweilige Zelle spezifische Struktur- oder Funktionsbestandteile zusammengesetzt werden. Die Aufnahme von größeren Molekülen ins Zellinnere ist natürlich von der Beschaffenheit der die Zelle begrenzenden Struktur, der Zellmembran, abhängig. Durch Veränderung bestimmter Membranbestandteile kann die Fähigkeit, größere Moleküle aufzunehmen, drastisch verändert werden.

Die Zerlegung und Zusammensetzung von Baumaterialien erfordert natürlich Energie. Diese Energie wird von der Zelle als chemische Energie in Form von Adenosintriphosphat (ATP) bereitgestellt, das bei Glykolyse- oder Atmungsprozessen hergestellt wird. Die Glykolyse, also der Abbau von Glucose, wird durch zahlreiche Enzyme, die nicht in besonderen Organellen lokalisiert sind, sondern frei im Zellplasma vorkommen, katalysiert. Die Atmungsprozesse laufen dagegen in bestimmten Organellen, den Mitochondrien ab. Jede atmungsfähige Zelle enthält zahlreiche Mitochondrien.

Die Vermehrung von Zellen erfolgt recht schnell. Bakterienzellen brauchen weniger als eine Stunde, um sich zu verdoppeln. Die Zellen höherer Organismen brauchen einige Stunden zur Verdopplung. Die Geschwindigkeit, mit der so komplexe Strukturen wie Zellen aufgebaut werden, ist nur dadurch erreichbar, daß die Prozesse der Zerlegung und des Aufbaus großer Moleküle nicht ungerichteten Zufallsprozessen überlassen bleiben, sondern zu bestimmten Zeiten an bestimmten Orten der Zelle gerichtet ablaufen. Das wird durch die Anwesenheit geeigneter Katalysatoren (Enzyme) erreicht. Auch der Aufbau dieser Katalysatoren ist nicht dem Zufall überlassen, sondern Angaben über die Struktur der Katalysatoren sind als abrufbereite Information in jeder Zelle niedergelegt. Nur durch das Vorhandensein dieser Informationen über Aufbau und Struktur der Katalysatoren wird die Zellvermehrung innerhalb von Stunden ermöglicht und damit eine wesentliche Voraussetzung für das Leben erfüllt.

In Abbildung 4 ist die Struktur einer Zelle mit ihren wichtigsten Bestandteilen schematisch wiedergegeben. Einmal ist die Darstellung so gewählt, wie sie sich ergibt, wenn man einen sehr dünnen Zellschnitt herstellt. Außerdem ist auch eine dreidimensionale Skizze wiedergegeben, die einen Würfel darstellen soll, der aus einer Zelle herausgeschnitten wurde. Man bekommt dadurch eine gewisse Vorstellung von der räumlichen Strukturierung einer Zelle. Abb. 5 schließlich zeigt eine photographische Aufnahme eines Zellschnittes, betrachtet durch ein Elektronenmikroskop.

Wir brauchen uns hier nun nicht mit Struktur und Funktion der einzelnen Zellorganellen zu befassen. Vielmehr reicht es für das weitere Verständnis, einige Tatsachen exemplarisch hervorzuheben. Erinnern wir uns des soeben Erörterten. Um die relativ schnell ablaufende Zellvermehrung zu gewährleisten, müssen Katalysatoren hergestellt werden. Die Bildungsstätten solcher Katalysatoren (Proteine) sind die

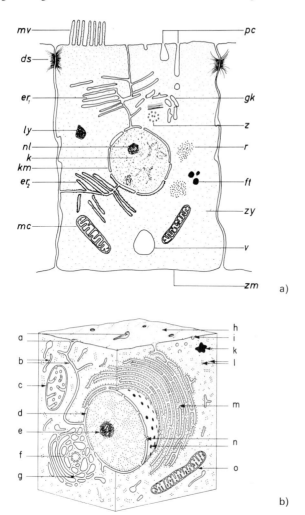

Abb. 4　Schematische Darstellung der Feinstrukturen einer Zelle.

a) Querschnitt (Laskowski, in Lehrbuch für Krankenpflegeberufe (Hrsg. F. Beske), Stuttgart 1980)
b) dreidimensionale Darstellung eines aus einer Zelle herausgeschnittenen Würfels (aus Wohlfahrt – *Bottermann, Zool. Anz. Suppl.* 23, 393, 1959)

a, b, m, er	= endoplasmatisches Retikulum	mv	= Microvilli (Ausstülpungen der Zelloberfläche)
ds	= Desmosomen (Haftpunkte benachbarter Zellen)	e, nl	= Nukleolus
		i, pc	= Pinocytose- oder Phagocytose-Einstülpungen
k, ft	= Fetttropfen		
f, g, gk	= Golgi – Komplex	l, r	= Ribosomen
k	= Zellkern	V	= Vakuole
d, km	= Kernmembran	Z	= Zentrosom
ly	= Lysosomen	h, zm	= Zellmembran
c, o, mc	= Mitochondrium	zy	= Zytoplasma

Ribosomen. Für diese Syntheseprozesse ist Energie notwendig, die in Form von ATP bereitgestellt wird. Eine Bildungsstätte von ATP sind die Mitochondrien, in denen die zellulären Atmungsprozesse ablaufen.

Ein Blick auf die Abbildungen 4 und 5 zeigt uns, daß Ribosomen und Mitochondrien in der Zelle zahlreich, zumindest mehrfach vorkommen. Sollen in einer Zelle die Syntheseprozesse oder die Atmungsprozesse zum Erliegen gebracht werden, so genügt es nicht, einzelne Ribosomen oder Mitochondrien auszuschalten, sondern die große Mehrheit, wenn nicht alle dieser Organellen müssen funktionsunfähig gemacht werden.

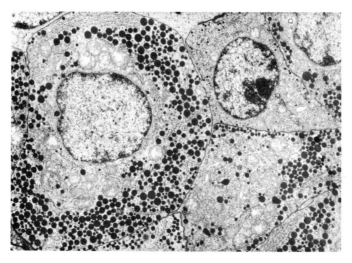

Abb. 5 Elektronenmikroskopische Aufnahme eines Schnittes durch menschliche Nierenzellen. (Aufnahme von H.-J. Merker, Berlin)

Ob Strahlen nun Synthese- oder Atmungsprozesse beeinflussen, läßt sich genau feststellen. Die Synthese von Proteinmolekülen, sowie der Verbrauch von Sauerstoff ist in Zellen vor und nach Einwirkung von Strahlen heute leicht zu beobachten. Solche Beobachtungen haben stets erbracht, daß diese Prozesse bereits kurz nach Bestrahlung nur zum Erliegen kommen, wenn extrem hohe Strahlendosen verabreicht werden. Kleinere Strahlendosen, z.B. etwa 0,1 bis 10 Gy (s. S. 11), können zwar zum schließlichen Zelltod führen, beeinträchtigen aber in der Regel nicht die Synthese- und Atmungsprozesse unmittelbar nach der Bestrahlung. Das heißt, diese Prozesse laufen zunächst nach einer Bestrahlung der Zellen mit mittleren und kleineren Strahlendosen noch ab, um erst später nach vielen Stunden zum Erliegen zu kommen.

Der strahleninduzierte Zelltod muß also offensichtlich andere Gründe haben als das unmittelbare Ausbleiben der Energielieferung und der Synthese von Proteinen. Besonders betont sei, daß uns ja vornehmlich daran liegt zu erfahren, auf welche Weise bereits kleine Strahlendosen eine biologische Wirkung herbeiführen.

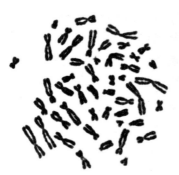

Abb. 6   Chromosomen aus einer Körperzelle des Menschen (geordnete Metaphase). (Aufnahme von G. Obe, Berlin)

Neben den Ribosomen und den Mitochondrien gibt es in der Zelle noch viele Organellen, die bis auf eine Ausnahme alle mehrfach vorkommen. Wenn wir nach den Ursachen der biologischen Wirkungen kleiner Strahlendosen suchen, so gilt es, nach dem schwächsten Glied in der Kette der Lebensprozesse zu suchen, also nach einem Zellbestandteil, der für die Existenz der Zelle unerläßlich ist, und nur in einem oder ganz wenigen Exemplaren vorkommt.

Die Ausnahme ist der Zellkern. Die meisten Zellen besitzen nur einen Zellkern. Er wird umgeben von einer Doppelmembran, die sich während der Kernteilung, die jeder Zellteilung vorausgeht, auflöst und später neu gebildet wird. Im Zellkern sind Strukturen, die elektronenmikroskopisch noch nicht eindeutig analysiert werden konnten. Im Lichtmikroskop erscheinen sie während der Kernteilungsphasen als charakteristisch geformte Stäbchen, die Chromosomen (Abb. 6). Während der Lebensphase zwischen den Kernteilungen (Interphase) sind die Chromosomen nicht erkennbar. Nur zur Kernteilung (Mitose) kondensieren sie sich zu den Stäbchen (Abb. 7).

Wir Menschen haben in den Zellen unseres Körpers in der Regel 46 Chromosomen. Mit der mütterlichen Eizelle erhalten wir 23 Chromosomen und mit der väterlichen Samenzelle ebenfalls 23 Chromosomen. Jedes Chromosom existiert also paarig in unseren Zellen. Heute wissen wir, daß in den Chromosomen die Informationen niedergelegt sind, die zum Aufbau der Katalysatoren notwendig sind. Wir nennen diese Informationen das Erbgut. Die Information für einen bestimmten Katalysator (ein Gen) ist höchstens zweimal in einer Zelle vorhanden. Da die Informationen, die wir vom Vater erhalten haben, nicht stets denen gleichen, die wir von der Mutter bekommen haben, gibt es auch Informationen, die nur einmal pro Zelle vorhanden sind. Damit haben wir das vorhin erwähnte schwächste Glied unter den Zellstrukturen aufgefunden, Strukturen, die nur ein- oder höchstens zweimal pro Zelle vorkommen und für das Leben einer Zelle unerläßlich sind.

Werden Chromosomen-Strukturen verändert, so kann es zu einer Informationsänderung des Erbgutes (Mutation) kommen. Eine Mutation kann z. B. zur Ausbil-

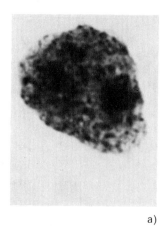

a)

b)

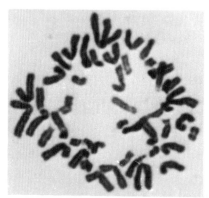

c)

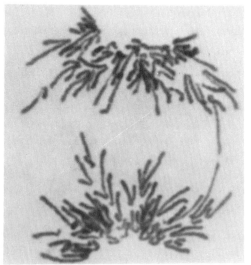

d)

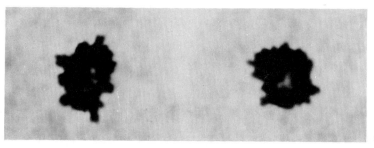

e)

dung eines veränderten Katalysators führen und damit einen Syntheseprozeß blok-kieren. Ist der blockierte Syntheseprozeß lebensnotwendig, so wird dadurch der Tod der Zelle verursacht.

Hiermit sind wir zum ersten Mal auf den bereits erwähnten Verstärkermechanis-mus gestoßen. Zur Induzierung einer Veränderung in einem einzelnen Strukturbe-standteil bedarf es keiner besonders großen Energiezufuhr. Wenn daraus bleibende Informationsänderungen, also Mutationen, resultieren, so führt das u. U. zu einem fortwährenden Aufbau veränderter Katalysatoren mit geänderter oder gänzlich blockierter Funktion. Ein geringer physikalisch/chemischer Primäreffekt wird zu einem großen biologischen Effekt verstärkt. Mit welchen molekularen Mitteln das geschieht, wollen wir im folgenden Absatz erörtern.

3.2 Die biologische Verstärkung strahleninduzierter Schäden

Wir wollen zunächst feststellen, aus welchen Molekülen, die als Informationsträger in Frage kommen, Chromosomen zusammengesetzt sind.

Es gibt zwei in Chromosomen vorkommende Molekülgruppen, Proteine und Nu-cleinsäuren, die auf Grund ihrer komplexen Struktur die vielfältigen Informationen des Erbguts enthalten könnten. Während man in der ersten Hälfte unseres Jahrhun-derts die Proteine als potentielle Informationsträger des Erbgutes ansah, ohne da-für allerdings schlüssige Beweise gehabt zu haben, weiß man etwa seit der Mitte dieses Jahrhunders, daß die Informationen des Erbgutes in Nucleinsäuren nieder-gelegt sind.

Nucleinsäuren sind fadenförmige Moleküle. Das Vorkommen solcher fadenförmi-gen Moleküle in Chromosomen veranschaulicht Abb. 8.

Abb. 8   Abschnitt eines Riesenchromosoms einer Mücken-larve. Fadenförmige Strukturen sind in einem Chromosomen-abschnitt deutlich erkennbar.

◄ Abb. 7   Lichtmikroskopische Aufnahmen von menschlichen Chromosomen in verschiedenen Stadien der Zellteilung (Mitose) (Aufnahmen von G. Obe, K. Sperling, H.J. Belitz)
a) Interphase, b) Prophase, c) Metaphase, d) Anaphase, e) Telophase

Nucleinsäuren sind aufgebaut aus vier verschiedenen Bausteinen, den Nucleotiden. Es gibt verschiedene Typen von Nucleinsäuren. Diejenige Nucleinsäure, die in den Chromosomen als Informationsträger vorkommt, ist ein Doppelstrang, der durch Quersprossen zusammengehalten wird und um eine fiktive Längsachse gewunden ist, also eine Spiralstruktur hat. Der Name dieser Nucleinsäure „Desoxyribonu- cleinsäure", meist kurz als DNS oder DNA (der englischen Sprache folgend) bezeichnet, gibt etwas über ihre molekulare Zusammensetzung zu erkennen. Neben einer Säuregruppe (es handelt sich um Phosphorsäure) enthält sie Desoxyribose, einen Zucker, dem ein Sauerstoffatom fehlt.

Um die Folgen strahleninduzierter Veränderungen derartiger Moleküle verstehen zu können, müssen wir uns etwas eingehender mit ihrer Struktur befassen. Abb. 9 zeigt eine elektronenmikroskopische Aufnahme eines DNS-Fadens. Daneben ist ein Strukturmodell skizziert. Man erkennt die Spiralstruktur und die Quersprossen, die beide Längsstränge zusammenhalten. Jeder Längsstrang besteht aus einer abwechselnden Folge von Phosphat und Desoxyribose. Von der Desoxyribose gehen die Quersprossen aus. Das sind Moleküle, die entweder aus einem oder zwei Ringen von Kohlenstoff- und Stickstoffatomen, an denen noch Amino- oder Methylgruppen hängen, bestehen. Erstere werden Pyrimidinbasen, letztere Purinbasen genannt. Eine Quersprosse besteht jeweils aus einer Pyrimidinbase und einer Purinbase (s. Abb. 10). Je zwei verschiedene Pyrimidinbasen (Thymin, Cytosin) und Purinbasen (Adenin, Guanin) kommen in der DNS vor. Die Bausteine der DNS, die Nucleotide, bestehen jeweils aus einer Phosphatgruppe, einer Desoxyribose sowie einer Pyrimidinbase oder Purinbase. Da insgesamt vier verschiedene Basen vorkommen, gibt es also vier verschiedene Bausteine. Aus räumlichen Gründen sind in der DNS jeweils nur die Basen Adenin und Thymin sowie Guanin und Cytosin zu Quersprossen vereint. Zwei Purinbasen wären als Quersprosse zu lang und zwei Pyrimidinbasen zu kurz. Da die beiden Basen einer Quersprosse durch spezifisch angeordnete Wasserstoffbrücken (H-Brücken) zusammengehalten werden, treten nur die Paarungen Adenin $=$ Thymin (mit 2 H-Brücken) oder Guanin $\equiv$ Cytosin (mit 3 H-Brücken) auf (s. Abb. 10).

Die spezifische Kombination komplementärer Partner, Adenin $=$ Thymin, Guanin $\equiv$ Cytosin, hat eine wichtige Folge. Wenn der Doppelstrang durch Auflösen der H-Brücken in zwei Einzelstränge zerlegt wird, so kann jeder Einzelstrang zu einem Doppelstrang durch Anlagerung der komplementären Nucleotide ergänzt werden (Abb. 11). Durch Trennung des Doppelstranges und Ergänzung der Einzelstränge werden aus einem Doppelstrang also zwei Doppelstränge mit identischem Aufbau.

Eine derartige Verdopplung von DNS-Molekülen ist Voraussetzung für jede Zellteilung. Wenn aus einer Zelle zwei Zellen entstehen, so müssen zunächst die die

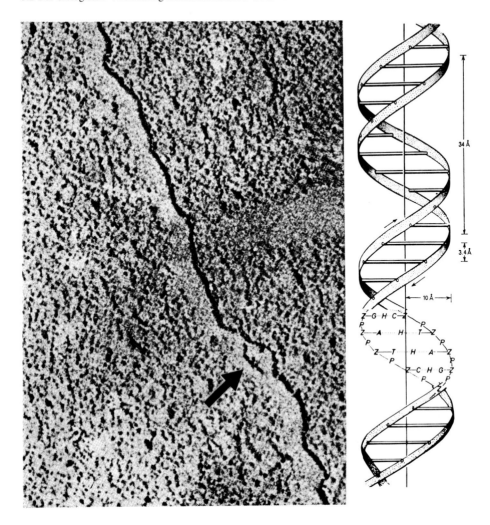

Abb. 9 Elektronenmikroskopische Aufnahme eines DNS-Fadens (von P. Giesbrecht) und Strukturmodell. (Aus W. Laskowski: Der Weg zum Menschen. Berlin 1968)
P = Phosphatgruppe   A = Adenin   G = Guanin
R = Desoxyribose   T = Thymin   C = Cytosin
Der Pfeil deutet auf eine Stelle, an der erkennbar wird, daß der DNS-Strang ein Doppelstrang ist.

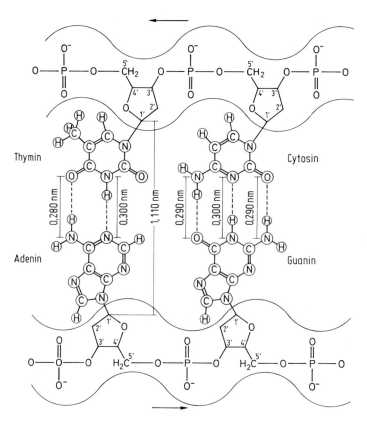

Abb. 10   Struktur eines entspiralisierten DNS-Abschnittes mit den Basenpaaren und den sie zusammen-
haltenden Wasserstoffbrücken (nach Laskowski, Pohlit, 1974).

Erbinformationen tragenden Moleküle verdoppelt werden. Die in den Molekülstrukturen enthaltenen Informationen müssen dabei unverändert bleiben. Das wird
durch die komplementäre Struktur der beiden DNS-Stränge auf einfache Weise
möglich.

Wie sind in diesen fadenförmigen Molekülen nun Informationen, z.B. über die
Struktur bestimmter Enzyme, niedergelegt? Das müssen wir wissen, um beurteilen
zu können, welche Wirkungen durch strahleninduzierte Veränderungen ausgelöst
werden können.

Um das Verständnis zu erleichtern, wollen wir uns zunächst einmal klarmachen,
mit welchen Mitteln wir Menschen Informationen aufbewahren. Im Vergleich damit werden die von der Natur gewählten Mittel für uns anschaulicher werden.

Wie jeder Leser erfährt, können Informationen durch eine Folge von Wörtern, die
wiederum aus einer Folge von Buchstaben bestehen, gespeichert und übermittelt
werden. Eine Folge von Wörtern nennen wir einen Satz. Die kleinste Einheit ist also

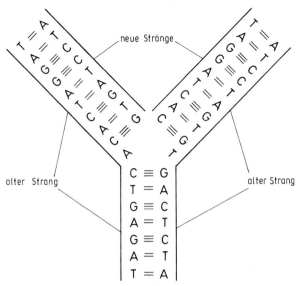

Abb. 11 Schematische, stark vereinfachte Darstellung eines DNS-Stückes, dessen obere Hälfte ver-
doppelt vorliegt. Die Replikation der DNS wird durch Enzyme katalysiert, die nicht dargestellt sind. Die
Einzelstränge eines Doppelstranges weichen auseinander und neue Tochterstränge werden mit einer
Basenfolge, die komplementär zum jeweiligen alten Strang ist, synthetisiert (nach Laskowski, 1966).

der Buchstabe, die nächst größere das Wort und dann folgt als weitere Einheit der
Satz. Die deutsche Sprache verwendet 26 Buchstaben, die zu Wörtern von unterschiedlicher Länge hintereinandergereiht werden können. Es gibt Wörter, die z. B.
nur aus zwei Buchstaben bestehen (Ei, ob) und solche, die 22 Buchstaben enthalten
(Desoxyribonucleinsäure). Um Anfang und Ende eines Wortes erkennen zu können, wird stets ein Abstand zwischen zwei Wörtern gemacht.

Welche Molekülstrukturen der DNS bilden nun Buchstaben, Wörter und Sätze?
Die Natur ist mit der Anzahl der unterschiedlichen Buchstaben sehr viel sparsamer
als wir. Sie verwendet nicht 26, sondern nur 4 Buchstaben. Die 4 Buchstaben sind
die vier Nucleotide mit den Basen Adenin (A), Cytosin (C), Guanin (G) und Thymin (T). Ein Buchstabe in der Schrift der Natur ist also eine Halbsprosse in dem
fadenförmigen DNS-Molekül. Wird eine solche Halbsprosse verändert, so wird
gewissermaßen ein Buchstabe im Text der Natur verändert. Wir werden später
sehen, welche Folgen sich daraus ergeben.

Die nächst größere Einheit ist das Wort. Auch hier ist die Natur sparsamer als wir.
Sparsamer mit der Anzahl der Buchstaben pro Wort. Sie verwendet nahezu aus-
schließlich Wörter, die aus 3 Buchstaben bestehen. Drei nebeneinander stehende
Halbsprossen (ein Triplett) bilden also ein Wort. Da die Anzahl der Buchstaben pro
Wort stets die gleiche ist, erübrigen sich Abstände zwischen den Wörtern. Es ist
allerdings notwendig, anzugeben, wo das erste Wort eines Satzes beginnt. Ist der

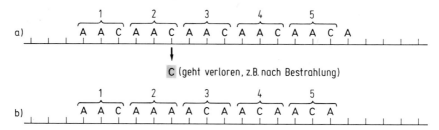

Abb. 12.   a) Beispiel für eine einfach zu übersehende Folge von 5 Tripletts, die jeweils aus den Basen
Adenin (A), Adenin (A) und Cytosin (C) bestehen.
b) Nach Verlust der dritten Base im zweiten Triplett ändert sich die Basenfolge in diesem Triplett sowie in
den nachfolgenden Tripletts. Aus AAC wird AAA und ACA.

Startpunkt bekannt, so ergibt sich alles weitere. Mit dem vierten Buchstaben beginnt das zweite Wort, mit dem 7. Buchstaben das dritte Wort usw., (s. Abb. 12).
Entfällt allerdings ein Buchstabe, wird also ein Nucleotid aus einem DNS-Strang
entfernt, so hat das schwerwiegende Folgen für den Informationsgehalt. Alle auf
die Fehlstelle folgenden Wörter sind verändert, da der Triplett-Leseraster sich ver-
schiebt. Die Auswirkung eines Buchstabenverlustes auf den Informationsgehalt
eines Satzes ist also im Erbgut viel größer als bei der von uns verwendeten Schrift.

Ein Wort unserer Sprache ist ein Ausdruck für etwas, z.B. ein Substantiv oder ein
Verb. Was drücken die aus drei Buchstaben bestehenden Wörter des Erbgutes nun
aus?

Tripletts sind Begriffe für die Bausteine der Enzyme, die Aminosäuren. Enzyme
enthalten in der Regel 20 verschiedene Aminosäuren als Bausteine. Die in der DNS
angeordnete Reihenfolge der Wörter ist also eine Reihenfolge von Begriffen für
bestimmte Aminosäuren. So wird z.B. durch eine Reihenfolge von 100 Tripletts
eine spezifische Reihenfolge von 100 Aminosäuren festgelegt. Ein Satz in der Sprache der Natur (ein Gen) ist dann die Reihenfolge von Tripletts, die zur Bezeichnung
der Aminosäurenfolge eines bestimmten Enzyms notwendig ist.

Das allen Lesern wohl zumindest dem Namen nach bekannte Enzym Insulin besteht z.B. aus 51 Aminosäuren. Die Information dafür ist also in einem DNS-
Abschnitt enthalten, der aus 51 Tripletts, also $3 \times 51 = 153$ Nucleotiden besteht.

Wenn die Natur nur Wörter aus 3 Buchstaben bildet und nur vier verschiedene
Buchstaben verwendet werden, so kann ein Wortschatz von

$$4 \times 4 \times 4 = 64$$

Wörtern gebildet werden. Da nur 20 verschiedene Aminosäuren in Proteinen verwendet werden, existieren also mehr Wörter als es Aminosäuren gibt. In Tab. 2 ist
zu sehen, daß für zahlreiche Aminosäuren mehrere Tripletts bestehen. Die Natur
verwendet also Synonyme. Daraus ergibt sich, daß nicht jede Veränderung eines
Buchstabens auch einen Begriffswandel zur Folge hat. Wählen wir als Beispiel zur

Tabelle 2
Tripletts der mRNS (s. S. 28), die Begriffe für die 20 in Proteinen vorkommenden Aminosäuren sind.
Die Aminosäuren sind entsprechend der Häufigkeit ihres Vorkommens in Proteinen von Pro- und
Eukaryonten angeordnet (nach Laskowski und Pohlit, 1974).

Aminosäure	Mittlere Häufigkeit in %	mRNS Tripletts					
Alanin	10,6	GCA	GCC	GCG	GCU		
Leucin	8,3	CUA	CUC	CUG	CUU	UUA	UUG
Glycin	7,9	GGA	GGC	GGG	GGU		
Valin	7,6	GUA	GUC	GUG	GUU		
Glutaminsäure	6,0	GAA	GAG				
Threonin	5,8	ACA	ACC	ACG	ACU		
Lysin	5,5	AAA	AAG				
Serin	5,5	AGC	AGU	UCA	UCC	UCG	UCU
Isoleucin	5,1	AUA	AUC	AUU			
Asparaginsäure	5,1	GAC	GAU				
Asparagin	5,0	AAC	AAU				
Arginin	5,0	AGA	AGG	CGA	CGC—CGG	CGU	
Glutamin	4,8	CAA	CAG				
Prolin	4,6	CCA	CCC	CCG	CCU		
Phenylalanin	3,6	UUC	UUU				
Tyrosin	2,6	UAC	UAU				
Methionin	1,9	AUG					
Histidin	1,9	CAC	CAU				
Cystein	1,7	UGC	UGU				
Tryptophan	1,5	UGG					

Verdeutlichung das Triplett AAA, das Lysin bedeutet. Wird nun der dritte Buchstabe verändert und es entsteht das Triplett AAG, so bleibt die Bedeutung Lysin
erhalten. Demgegenüber würde eine Umwandlung in AAC einen Bedeutungswech-
sel verursachen. AAC bedeutet Asparagin. Nicht jede Auswechslung eines Buchstabens verändert also die Bedeutung eines Wortes.

In Tab. 2 sind die Aminosäuren entsprechend der Häufigkeit, mit der sie in verschiedenen Proteinen bei Organismen vorkommen, angeordnet. Alanin kommt am
häufigsten, Tryptophan am seltensten vor. Wie man sieht, existieren im Durch-
schnitt für häufig vorkommende Aminosäuren mehr Tripletts als für seltener vorkommende. Aus dieser Tatsache ergibt sich eine interessante strahlenbiologische
Konsequenz. Kommen bestimmte Aminosäuren in zahlreichen Proteinen vor, so
müssen Begriffe für diese Aminosäuren auch an zahlreichen Stellen der DNS vorkommen, nämlich in allen DNS-Abschnitten, die Informationen für Proteine mit
diesen Aminosäuren enthalten. Begriffe für Aminosäure, die selten in Proteinen
vertreten sind, werden dementsprechend auch seltener in der DNS auftreten.

Wenn nun Strahlenschäden zufällig in der DNS verteilt sind, so ist die Wahrscheinlichkeit geschädigt zu werden für häufig auftretende Begriffe natürlich größer als
für seltener vorhandene. Da für die relativ häufig auftretenden Begriffe aber mehrere Synonyma existieren, führt nicht jeder Buchstabenwandel zu einem Bedeutungs-

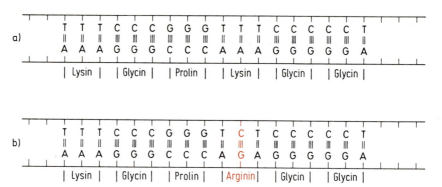

Abb. 13 Beispiel für eine Basensequenz in einem Abschnitt eines DNS-Moleküls. Darunter die den Tripletts des codogenen Stranges entsprechenden Aminosäuren (a). Durch Veränderung eines Basenpaares wird die Information für „Lysin" in eine solche für „Arginin" verwandelt (b).

wandel. Das Informationssystem ist also in bestimmtem Ausmaß – in der Regel ist nur ein Wechsel des dritten Buchstabens eines Tripletts bedeutungslos – gegen zufällig auftretende Änderungen geschützt.

In der Abb. 13 ist unser bis jetzt erarbeiteter Kenntnisstand zusammenfassend skizziert. Wir erkennen den DNS-Doppelstrang mit seinen Quersprossen. Jeweils drei Quersprossen enthalten die Information für eine Aminosäure. Die einer bestimmten Triplettfolge entsprechende Aminosäurenfolge ist darunter angegeben. Durch Änderung einer Sprosse kann es zur Änderung einer Aminosäure in einer solchen Folge kommen.

Was wird dadurch bewirkt? Erst die Beantwortung dieser Frage bringt uns soweit, die Mechanismen, die dem Verstärkereffekt zugrunde liegen, zu verstehen (s. S. 11).

Die Zusammenfügung von Aminosäuren erfolgt in den Ribosomen. Zu diesen muß also die Information über die spezifische Aminosäuren-Folge eines bestimmten Proteins gebracht werden. Eine Nachricht oder Botschaft muß von der DNS im Zellkern zu den Ribosomen im Zelleib gelangen. Diese Rolle übernimmt ebenfalls ein Nucleinsäuremolekül, das man daher die Boten-RNS oder auch messenger-RNS (mRNS) nennt. Diese Nucleinsäure ist ein einsträngiges Molekül, das ebenfalls aus vier verschiedenen Nucleotiden zusammengesetzt ist. Als Zucker enthält es keine Desoxyribose sondern Ribose als Purinbasen Adenin und Guanin und als Pyrimidinbasen Uracil und Cytosin (Abb. 14). Bei RNS-Molekülen tritt Uracil stets an Stelle von Thymin auf. Beide Basen haben eine ähnliche Struktur. Thymin unterscheidet sich vom Uracil nur durch den Besitz einer zusätzlichen Methylgruppe. (Beachte, daß in Tab. 2 kein T sondern nur U auftritt.)

Zur Übertragung der Informationen eines bestimmten DNS-Abschnittes wird also ein dem informationshaltigen (codogenen) DNS-Strang komplementärer mRNS-Strang im Zellkern synthetisiert und in den Zelleib entlassen. An diese mRNS

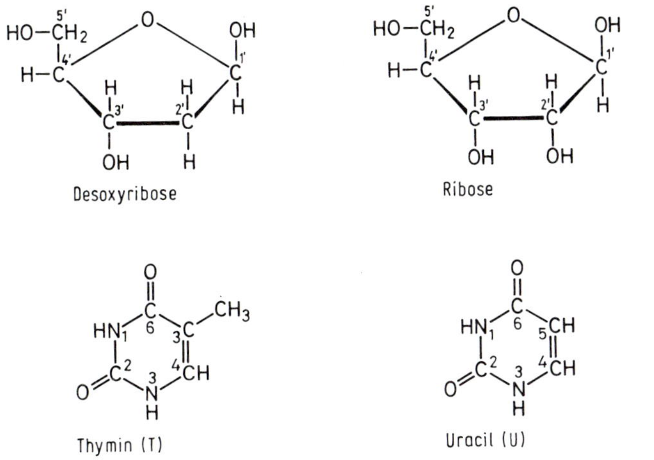

Desoxyribose   Ribose

Thymin (T)   Uracil (U)

Abb. 14   Die unterschiedlichen Zucker- und Basenbestandteile von DNS (links) und RNS (rechts).

lagern sich Ribosomen an, in denen nun entsprechend der Triplett-Folge der mRNS Aminosäure an Aminosäure geknüpft wird und damit ein Protein hergestellt wird.

Da viele Proteine nur eine beschränkte Lebenszeit haben, sie werden von der Zelle bald wieder abgebaut oder zerfallen selbständig aus thermodynamischen Gründen, werden entsprechend der Information einer mRNS in der Regel zahlreiche Proteine gebildet. Da aber auch mRNS-Moleküle häufig eine beschränkte Lebenszeit haben, werden von einem DNS-Abschnitt in der Regel auch zahlreiche mRNS-Moleküle kopiert. Ist nun die Bedeutung eines Tripletts in der DNS verändert worden, so führt das dazu, daß zahlreiche mRNS-Moleküle mit abgeänderter Information und noch zahlreichere Proteine mit einer falschen Aminosäure in der Zelle synthetisiert

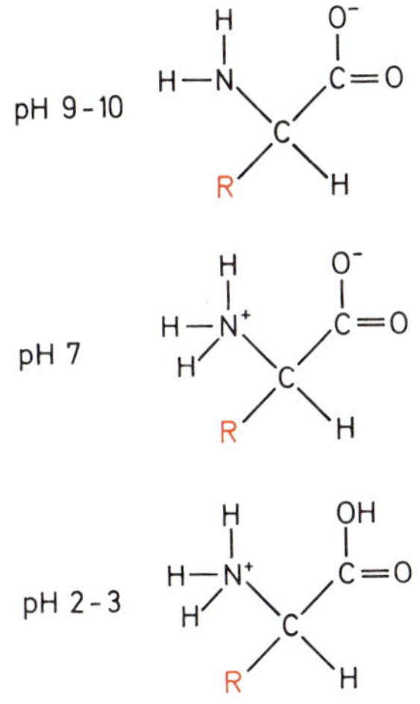

pH 9-10

pH 7

pH 2-3

Abb. 15   Grundstruktur von Aminosäuren in Abhängigkeit vom pH. R steht für verschiedene Seitenketten (s. Abb. 16).

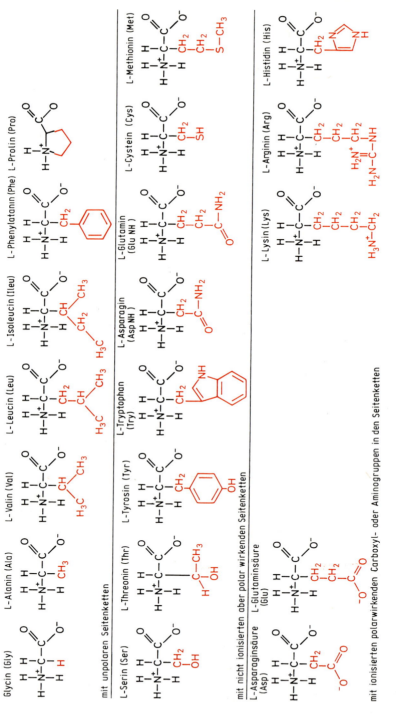

Abb. 16 Die 20 in den Proteinen von Lebewesen vorkommenden Aminosäuren,

werden. Der Verstärkungseffekt beruht also darauf, daß als Folge einer einzigen Strukturveränderung im DNS-Molekül zahlreiche veränderte Proteinmoleküle gebildet werden.

Abschließend müssen wir jetzt noch verstehen, warum der Austausch einer einzigen Aminosäure in einer langen Kette von Aminosäuren zu einem biologischen Effekt führen kann.

Dazu muß man etwas über die Eigenschaften der Aminosäuren wissen. Alle Aminosäuren zeichenen sich, wie ihr Name bereits andeutet, durch den Besitz einer Aminogruppe ($-NH_2$) und einer Säuregruppe ($-COOH$) aus (s. Abb. 15). Die Unterschiede zwischen den einzelnen Aminosäuren liegen im Molekülrest. Im einfachsten Fall besteht dieser Rest nur aus einem H-Atom (Glycin). Bei anderen Aminosäuren sind statt des H-Atoms verschiedenartige Atomgruppen vorhanden (Abb. 16).

Ohne uns in Struktureinzelheiten zu vertiefen, wollen wir beachten, daß diese Molekülreste in drei Gruppen unterteilt werden können. Während die eine Gruppe nur Kohlenstoff- und Wasserstoffatome enthält, treten bei der zweiten Gruppe zusätzlich z.B. Hydroxyl- ($-OH$) oder Aminogruppen ($-NH_2$) auf. Die dritte Gruppe ist durch den Besitz freier negativer oder positiver elektrischer Ladungen ausgezeichnet. Diese Unterschiede haben eine große Bedeutung, da eine Zelle zu etwa 80% aus Wassermolekülen besteht. Proteine schwimmen also in der Zelle in einer wässrigen Lösung. Ihre Bausteine, also Aminosäuren, bei denen OH- oder NH_2-Gruppen oder auch freie elektrische Ladungen auftreten, können leicht Bindungen mit Wassermolekülen (H_2O) eingehen. Sie sind hydrophil. Anders steht es mit Proteinbausteinen, deren Reste nur aus Kohlenwasserstoffen bestehen und daher hydrophob sind. Sie verhalten sich im Wasser wie Fette, die ja auch aus Kohlenwasserstoffverbindungen zusammengesetzt sind. Fette und Wasser mischen sich bekanntlich nicht, da keine Bindungen eingegangen werden können. Auch wenn man Fette und Wasser künstlich vermischt, trennen sie sich wieder und man findet bald eine Fettschicht auf der Wasseroberfläche schwimmen.

Aminosäuren mit fettartiger Restgruppe werden daher auch versuchen, das Wasser zu vermeiden. Das gelingt dann, wenn sie im Inneren eines Proteinmoleküls verbor-

Abb. 17 Spontan eintretende Anordnung von Lipiden, die zwei hydrophobe Kohlenwasserstoffketten und eine hydrophile Gruppe enthalten, an der Grenze zwischen Wasser und Luft.

gen sind. Proteine sind ja keine gestreckten Fadenmoleküle, aufgereiht aus Aminosäuren, sondern die Aminosäurekette, die die Primärstruktur eines Proteins dar-
stellt, faltet sich in der Zelle zu vielfach gewundenen und verschlungenen Sekundär-
und Tertiärstrukturen. Die Faltungen einer Aminosäurekette werden bestimmt
durch die An- oder Abwesenheit von Aminosäuren mit hydrophobem Restkörper.
Fehlt also eine solche Aminosäure oder wird sie ersetzt durch eine mit einer
hydrophilen Restgruppe, so erfolgt eine andere Faltung, d. h. die dreidimensionale
Struktur des Proteins wird verändert. Da Enzyme Proteine sind, die ihre spezifische, katalytische Funktion auf Grund ihrer spezifischen dreidimensionalen Struktur ausüben, führt ein Strukturwandel in der Regel zu einer Verminderung oder zu
einem völligen Verlust ihrer Katalysefähigkeit.

Damit haben wir das Ende unserer Gedankenkette erreicht und können die wesentlichen Schritte, die zur Verstärkung relativ kleiner strahleninduzierter Veränderungen führen, zusammenfassen:

1. Die Veränderungen erfolgen an Strukturen, die für die Zelle von lebenswichtiger
   Bedeutung sind und nur ein- oder zweifach pro Zelle vorkommen.
2. Diese lebenswichtigen Strukturen sind die im Zellkern vorhandenen, die Erbinformationen enthaltenden DNS-Moleküle.
3. Die Veränderung eines DNS-Bausteins unter tausenden kann dazu führen, daß
   eine falsche Aminosäure in ein Enzym eingebaut wird.
4. Da Enzyme relativ kurzlebig sind, werden sie in der Zelle ständig neu synthetisiert. Als Folge der Änderung in der DNS enthält die Zelle kurze Zeit darauf nur
   noch ein bestimmtes Enzym mit einer falschen Aminosäure.
5. Da eine falsche Aminosäure zu Strukturveränderung des Enzymmoleküls führen
   kann, kann das Enzym seine katalytische Funktion teilweise oder ganz verlieren.
6. Ein Stoffwechselprozeß, der auf die Mitwirkung dieses Enzyms angewiesen ist,
   läuft dann nur reduziert oder garnicht ab.
7. Da die veränderte DNS bei Zellteilungen an alle gebildeten Tochterzellen weiter-
   gegeben wird, tritt diese Reaktionskette auch in allen Nachkommenzellen auf.
   Der ursprünglich kleine Effekt an einem Baustein eines Moleküls ist damit zu
   einem großen makroskopisch wahrnehmbaren biologischen Effekt verstärkt
   worden.

Literaturhinweise

Bresch, C., R. Hausmann: Klassische und molekulare Genetik. Berlin, Heidelberg, New York 1972
Czihak, G., H. Langer, H. Ziegler (Herausgeber): Biologie. Berlin, Heidelberg, New York 1980
Laskowski, W.: Elemente des Lebens. Berlin 1966
Laskowski, W. und W. Pohlit: Biophysik. Stuttgart 1974
Obe, G., K. Sperling, H.J. Belitz: Einige Aspekte zur chemischen Mutagenese beim Menschen und bei
Drosophila. Angew. Chemie, 83, 301, 1971
Scherer, E. und H.-St. Stender (Herausgeber): Strahlenpathologie der Zelle. Stuttgart 1963

4 Strahleninduzierte Veränderungen von Nucleinsäuremolekülen

4.1 Wirkung ionisierender Strahlen

Wir haben bereits hervorgehoben, daß Zellen zu etwa 80% aus Wasser bestehen. Ionisierende Strahlen werden daher vornehmlich mit Wassermolekülen in Wechselwirkung treten. Daher stellt sich zuerst die Frage: Was ist die Folge solcher Wechselwirkung?

Wenn Wasser ionisierende Strahlen absorbiert, so zerfällt das Wassermolekül in folgende Produkte:

$$H_2O \rightarrow OH^{\cdot},\ H^{\cdot},\ e_{aq}^{-}.$$

Hydroxylradikale ($OH^{\cdot}$), Wasserstoffatome ($H^{\cdot}$) und solvatisierte Elektronen (e_{aq}^{-}) haben eine außerordentlich kurze Lebenszeit von etwa 10^{-6} Sekunden. Sie können zu langlebigen Molekülen zusammentreten wie H_2, H_2O_2 oder H_3O^{+} oder mit anderen in Wasser gelösten Molekülen reagieren. Ist z.B. Sauerstoff in der Lösung vorhanden, was in Zellen in der Regel der Fall ist, so reagieren $H^{\cdot}$ und e_{aq}^{-} mit Sauerstoff in folgender Weise:

$$H^{\cdot} + O_2 \rightarrow HO_2^{\cdot}$$
$$e_{aq}^{-} + O_2 \rightarrow O_2^{-}$$

Es werden Perhydroxylradikale und Sauerstoffionen gebildet. Erstere können unter Freisetzung von Sauerstoff Hydroperoxyd bilden:

$$HO_2^{\cdot} + HO_2^{\cdot} \rightarrow H_2O_2 + O_2.$$

Sauerstoffionen reagieren nicht mit organischen Molekülen und brauchen daher nicht weiter beachtet zu werden.

Die oxidierend wirkenden Hydroxylradikale ($OH^{\cdot}$) sowie die reduzierend wirkenden Radikale des Wasserstoffs ($H^{\cdot}$) und die solvatisierten Elektronen (e_{aq}^{-}) können natürlich auch mit anderen in der Lösung vorhandenen Molekülen, wie z.B. Nucleinsäuren reagieren. Genaue Analysen bestrahlter Nucleinsäure-Lösungen haben erbracht, daß $H^{\cdot}$ und e_{aq}^{-} vorwiegend mit den Basen, aber nicht mit dem Zuckerbestandteil der Nucleinsäure reagieren, während OH-Radikale sowohl mit Basen als auch mit dem Zuckerbestandteil reagieren. Es kommt dadurch zur Bildung von Radikalzuständen in Nucleinsäuremolekülen. Sind die Basen betroffen, so kann es zur Veränderung der Ringstrukturen, z.B. durch Anlagerung von OH, OOH oder H, zur Spaltung der Ringe oder zur Freisetzung der Basen kommen. Es tritt also

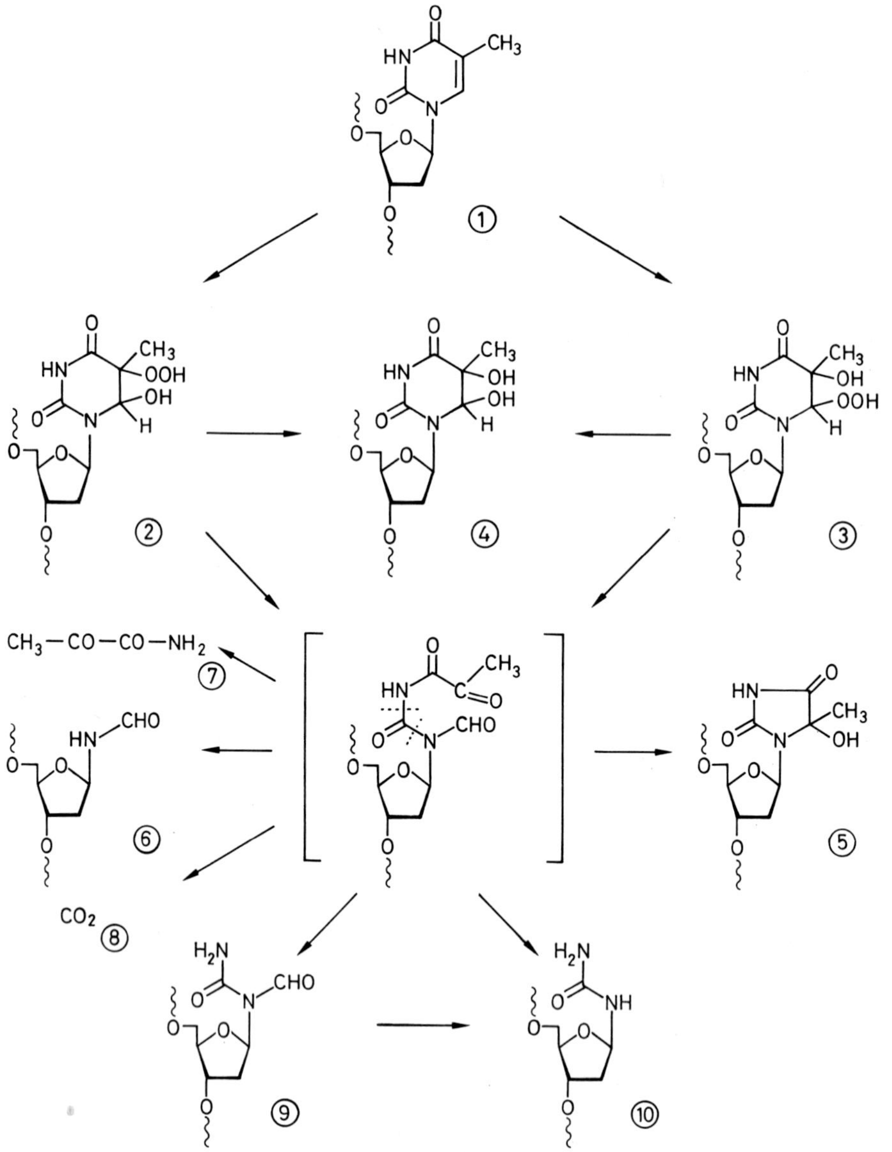

Abb. 18 Schematische Darstellung von chemischen Veränderungen der Base Thymin in DNS, die
γ-Strahlen ausgesetzt worden ist.
1) Thymin
2), 3) Hydroxydihydrothyminhydroperoxid
4) Dihydroxydihydrothymin
5) 5-Hydroxy-5-methylhydantoin
6) Formamid

7) freigesetztes Brenztraubensäureamid
8) freigesetztes Kohlendioxid
9) N-Formylharnstoff
10) Harnstoff
(Aus Hüttermann, Köhnlein, Téoule 1978)

eine Basenveränderung oder ein Basenverlust auf. Beispiele für derartige mögliche
strahleninduzierte Veränderungen zeigt Abb. 18 für die Pyrimidinbase Thymin.

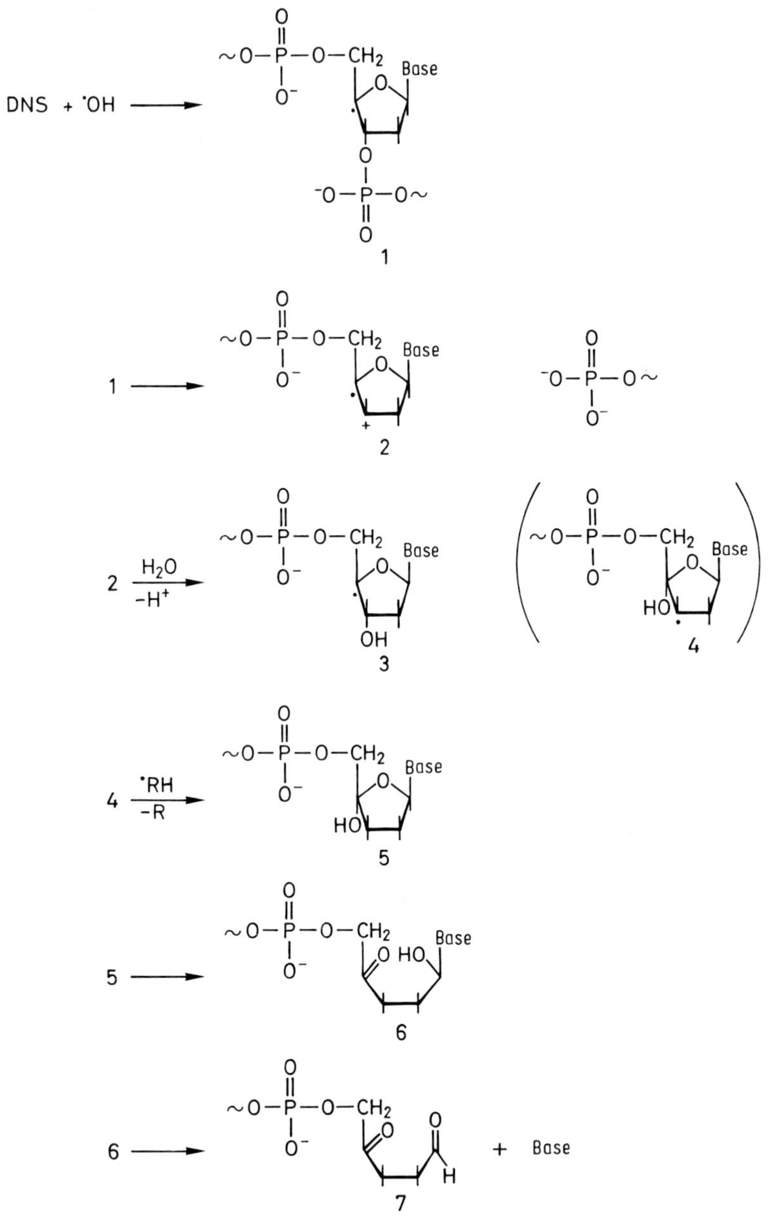

Abb. 19   Beispiel für Strangbruch plus Basenverlust.
Ein OH-Radikal entzieht dem C4′ ein Wasserstoffatom. Es entsteht Radikal 1. Radikal 1 eliminiert die Phosphat-Ester-Bindung bei C3′, der DNS-Strang bricht und es bildet sich Radikal 2. Wasseraufnahme und Verlust eines Protons führt zu Radikal 3 oder 4. Radikal 4 kann wieder ein Proton von anderen Radikalen (˙RH) übernehmen und wird zu 5. Diese Struktur ist instabil, der Ring öffnet sich, es entsteht 6, das nach Basenverlust zu 7 wird. (Nach Hüttermann, Köhnlein und Téoule 1978).

Reaktionen von OH-Radikalen mit dem Zuckerbestandteil der Nucleinsäuren führen Strangbrüche und Strangbrüche plus Basenverluste herbei. Strangbrüche können auf zweierlei Weise erreicht werden. Entweder wird die Bindung zwischen
Phosphat und Zucker (Phosphatesterbindung) gebrochen oder eine C–C–Bindung
im Zuckerbestandteil wird gesprengt. Strangbruch plus Basenverlust tritt ein, wenn
die Sauerstoffbrücke im Zuckerring gesprengt wird (Abb. 19). Alle diese Reaktionen sind möglich, da OH-Radikale dem Zuckermolekül an allen Stellen Wasserstoffatome entziehen können. Die Wahrscheinlichkeit, mit der derartige Reaktionen ablaufen, ist abhängig vom O_2-Gehalt der Lösung. So ist der Prozentsatz strahleninduzierter Strangbrüche 2–4 mal größer in Gegenwart von O_2 als in Abwesenheit dieses Moleküls (vgl. „oxygen enhancement ratio", OER, auf S. 82).

Neben dieser indirekten Strahlenwirkung mit Hilfe der Ionisationsprodukte des
Wassers treten auch direkte Strahlenwirkungen an Nucleinsäuremolekülen auf,
wenn diese von energiereichen Quanten oder Partikeln direkt getroffen werden. Es
werden dann Elektronen herausgeschlagen und die Nucleinsäuremoleküle werden
ionisiert. Wie bei der indirekten Strahlenwirkung kommt es als Folge dessen zu
Basenveränderungen, Basenverlust und Strangbrüchen. Diese drei Effekte sind
also als Ausgangspunkte für unsere weiteren Betrachtungen der zellulären Reparaturprozesse hervorzuheben. Zunächst wollen wir uns jedoch noch mit den durch
nichtionisierende UV-Strahlen ausgelösten Nucleinsäureschäden befassen.

4.2 Wirkung von ultraviolettem Licht

Bereits im Abschnitt 2.2 haben wir erfahren, daß die Absorption der Energie von
ultraviolettem Licht nicht zufällig verteilt an allen vorhandenen Molekülen erfolgt,
sondern nur an bestimmten Chromophoren eintritt. Da Wasser kein UV-absorbie-
rendes Chromophor ist, gibt es auch keine indirekten Strahlenwirkungen, wie im
Falle der ionisierenden Strahlen.

Chromophoren für UV-Strahlen kommen in Zellen in Proteinen und Nucleinsäuren vor. Unter den 20 in Proteinen vorkommenden Aminosäuren absorbieren allerdings nur 4 im ultravioletten Spektralbereich. Absorptionsmaxima treten auf zwischen 220 und 240 nm sowie zwischen 280 und 300 nm, bei Tryptophan, Tyrosin,
Phenylalanin und Cystin. Sie sind bei den ersten beiden Aminosäuren sehr deutlich
ausgeprägt, bei den beiden letzteren aber nur sehr schwach ausgebildet (Abb. 20).

Bei den Nucleinsäuren haben alle Basen (Adenin, Guanin, Cytosin, Thymin und
Uracil) ein Absorptionsmaximum in der Nähe von 260 nm (Abb. 21). Ein gleichar-
tiges Absorptionsverhalten tritt auch bei der Desoxyribonucleinsäure auf. Chemisch nachweisbare Reaktionen als Folge der Absorption von UV-Quanten treten
aber nur bei den Pyrimidinbasen (Thymin, Uracil und Cytosin) auf. Im wesentli-

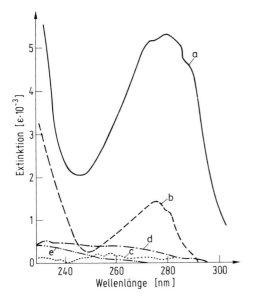

Abb. 20 Absorptionsspektren von Aminosäuren.
a) Tryptophan, b) Tyrosin,
c) Phenylalanin, d) Cystin,
e) Cystein.
(Nach McLaren und Shugar, 1964).

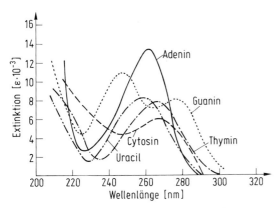

Abb. 21 Absorptionsspektren von
Nukleinsäurebasen bei pH 7
(nach Davidson, 1965).

chen lassen sich die gebildeten Fotoprodukte folgenden 3 Gruppen zuordnen (s.
Abb. 22):

a) Pyrimidindimere ($\widehat{PP}$)
b) Addukte
c) Hydrate

Pyrimidindimere sind stabil, sie zerfallen also nicht wieder innerhalb kurzer Zeit. Sie
werden in der DNS nur zwischen benachbarten Pyrimidinbasen eines Stranges
unter Auflösung der Doppelbindung zwischen den C-Atomen 5 und 6 gebildet.
Man spricht von einem Cyclobutantyp-Dimer. Es können Dimere von allen Pyrimidinbasen gebildet werden. So kommen sowohl Thymin – Thymin ($\widehat{TT}$) –, Cytosin
– Cytosin ($\widehat{CC}$) – und Thymin – Cytosin ($\widehat{TC}$) – Dimere vor. Diese verschiedenen

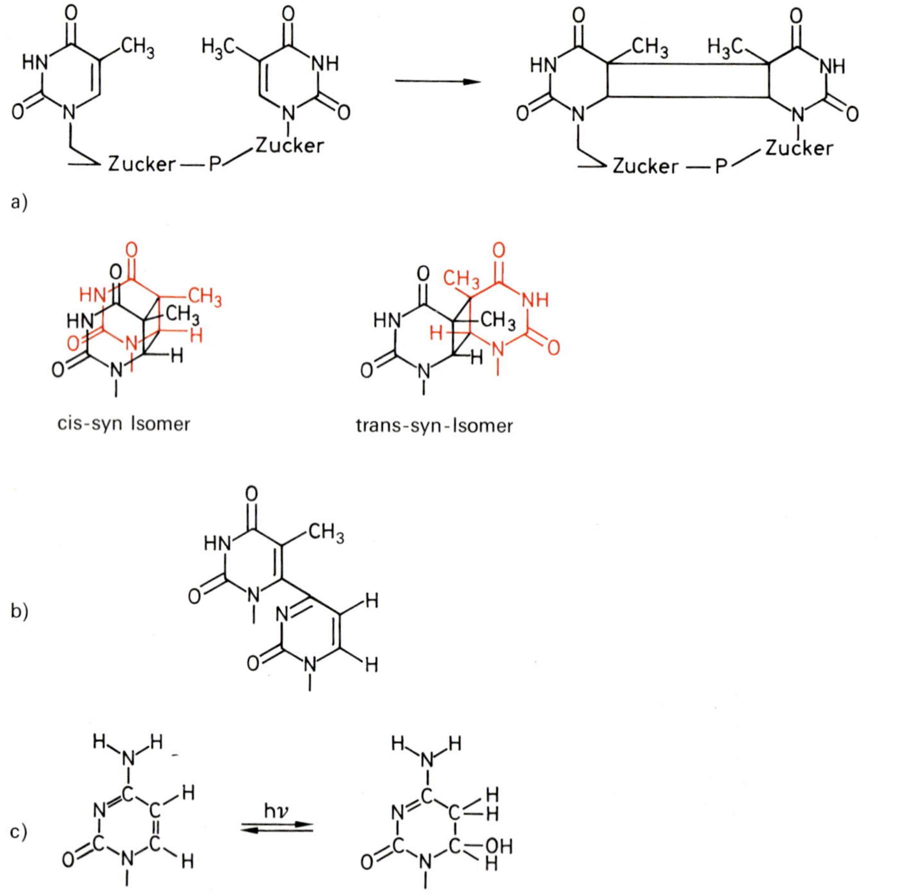

a)

cis-syn Isomer   trans-syn-Isomer

b)

c)

Abb. 22 Nach UV-Bestrahlung in DNS auftretende Fotoprodukte.
a) UV-induzierte Bildung eines Thymindimers und hauptsächlich in DNS vorkommende Dimer-Kon-
figurationen.
In doppelsträngiger DNS treten cis-syn-Dimere auf.
In einsträngiger DNS wurden trans-syn-Dimere gefunden. Diese sind nicht photoreaktivierbar (vgl. S. 46)
b) Pyrimidin-Addukt
c) UV-induzierte Bildung von Cytosinhydrat

Dimere treten etwa mit folgender relativer Häufigkeit in Zellen auf

$$\hat{TT} : \hat{CC} : \hat{TC} = 2 : 1 : 1$$

Addukte sind Verbindungen von Pyrimidinbasen, die keinen Cyclobutantyp darstellen. In UV-bestrahlter DNS wurde ein Cytosin-Thymin-Addukt nachgewiesen,
das sich zu einem Uracil-Thymin-Addukt umwandeln kann. Auch die Addukte
sind relativ stabile Verbindungen und können daher bei der Beurteilung UV-induzierter biologischer Schäden nicht vernachlässigt werden.

Hydrate werden in doppelsträngiger DNS nur mit geringer Häufigkeit gebildet. Die Hydratbildung wird offensichtlich durch die Wasserstoffbrücken zwischen den Basen eines Doppelstranges erschwert. Da Hydrate außerdem sehr instabil sind, ist ihre biologische Bedeutung recht klein. Hervorzuheben ist aber, daß Cytosinhydrat leicht seine Aminogruppe verlieren kann und dann zu Uracilhydrat wird. Da Uracil die gleichen Basenpaarungseigenschaften wie Thymin hat, kann also über den Umweg der Hydratbildung eine Basenänderung (Cytosin → Uracil) eintreten.

Außerdem können als Folge von UV-Bestrahlung auch Vernetzungen zwischen Nucleinsäuren und Proteinen erfolgen. Es ist vor allem die Aminosäure Cystein, die Verbindungen mit Pyrimidinen eingehen kann. Auch zu Vernetzungen verschiedener Nucleinsäuremoleküle miteinander kann es kommen. Derartige Effekte treten allerdings nur nach Bestrahlung mit sehr hohen UV-Dosen auf. Sie können für die uns interessierenden biologischen Wirkungen daher vernachlässigt werden.

Im Gegensatz zur Wirkung ionisierender Strahlen treten nach UV-Bestrahlung mit biologisch relevanten Dosen keine Strangbrüche auf.

Von allen diesen UV-induzierten molekularen Veränderungen kommt den Pyrimidindimeren zweifellos die wichtigste Bedeutung bei der Auslösung biologischer Effekte zu. Außerdem spielen Addukte sicherlich noch eine Rolle, die bisher aber noch wenig geklärt worden ist.

Literaturhinweise

Davidson, J. N.: The biochemestry of nucleic acids. London 1965
Hüttermann, J., W. Köhnlein, R. Téoule (Herausgeber): Effects of ionizing radiation on DNA. Physical, chemical and biological aspects. Berlin, Heidelberg, New York 1978
Kiefer, J. (Herausgeber): Ultraviolette Strahlen. Berlin, New York 1977
McLaren, A. D., D. Shugar: Photochemestry of proteins and nucleic acids. Oxford 1964

5 Zelluläre Reparaturmechanismen

Vergleicht man Strahlendosen, die bei Lebewesen unterschiedlicher Art zur Erzielung eines bestimmten Effektes angewandt werden müssen, so stellt man überraschende Unterschiede in der Größe der notwendigen Strahlendosen fest. Wir wollen als Beispiel einmal vergleichen, welche Röntgenstrahlendosen notwendig sind, um bei 50% der bestrahlten vielzelligen Lebewesen innerhalb von 30 Tagen den Tod herbeizuführen. Eine solche Dosis nennt man Letaldosis und kennzeichnet sie mit dem Symbol $LD_{50/30}$. Bei Einzellern kann Überleben oder Tod bald nach der Bestrahlung eindeutig festgestellt werden. Man spricht daher bei diesen Organismen nur von einer LD_{50} und verzichtet auf eine Zeitangabe. Eine Zusammenstellung der $LD_{50/30}$ bzw. LD_{50} für verschiedene Lebewesen ist in Tab. 3 gegeben. Wie man sieht, sind Säugetiere deutlich strahlenempfindlicher als Reptilien oder Fische, und diese sind wiederum strahlenempfindlicher als Hefen oder Bakterien.

Nun sind die in Tab. 3 aufgeführten Lebewesen natürlich von außerordentlich verschiedenartiger Konstitution. Hefen und Bakterien sind Einzeller. Die übrigen sind Vielzeller, die sehr verschiedenen Organisationsstufen angehören. Die unterschiedliche Strahlenempfindlichkeit wird uns sicherlich daher zunächst nicht verwundern, da die Annahme nicht unbegründet erscheint, daß komplex organisierte Lebewesen schon durch eine geringere Anzahl von Schäden zum Tode kommen können als weniger komplex organisierte. Je komplexer ein Mechanismus ist, desto störanfälliger ist er in der Regel. Wir wollen uns daher folgende Frage stellen:
Haben Lebewesen der gleichen Organisationsstufe stets die gleiche Strahlenempfindlichkeit?
Was sind nun Lebewesen der gleichen Organisationsstufe?

Tabelle 3
Werte der $LD_{50/30}$ bzw. LD_{50} für verschiedene Lebewesen bei Bestrahlung mit Röntgenstrahlen oder γ-Strahlen

Lebewesen	Strahlendosis in Gy	
Affe	4,5 – 7	
Maus	3,3 – 3,7	
Ratte	7,3 – 7,6	$LD_{50/30}$
Schildkröte	7,4 – 14	
Goldfisch	~23	
Taufliege	420 – 560	
Hefen:		
Saccharomyces cerevisiae (diploid)	300	
Bakterien:		LD_{50}
Escherichia coli	50	
Micrococcus radiodurans	4650	

Am ähnlichsten sind sich Lebewesen, die der gleichen Art angehören. Auf einen solchen Vergleich wollen wir uns beschränken.

Wir präzisieren also unsere Frage, und sie lautet nun:

Gibt es Unterschiede in der Strahlenempfindlichkeit von Lebewesen, die verschiedenen Rassen einer Art angehören?

In Tab. 4 ist ein Vergleich für verschiedene Rassen von Bäckerhefen (man spricht bei Hefen und Bakterien in der Regel von Stämmen, meint damit aber Rassen) angegeben. Wie man sieht, treten erstaunliche Unterschiede in der LD_{50} auf. Worauf sind diese zurückzuführen?

Tabelle 4
Werte der LD_{50} für verschiedene dipliode Stämme der Hefe Saccharomyces cerevisiae bei Röntgenbestrahlung

Hefestamm	Strahlendosis in Gy
Stamm A (Wildtyp)	300
Stamm B	100
Stamm C	80

Beginnen wir mit einer ganz allgemeinen, aber wichtigen Überlegung. Wenn eine bestimmte Strahlendosis bei einem Lebewesen einen bestimmten biologischen Schaden, z.B. seinen Tod, auslöst, die gleiche Strahlendosis bei einem anderen Lebewesen der gleichen Art diesen Effekt aber nicht hervorruft, so könnte diese unterschiedliche Strahlenwirkung auf zwei grundsätzlich verschiedenartigen Ursachen beruhen. Entweder es werden im ersten, strahlensensibleren Organismus mehr molekulare Veränderungen durch die Bestrahlung erzeugt als im zweiten, oder die Zahl der strahleninduzierten molekularen Veränderungen ist bei beiden Organismen zunächst annähernd gleich, wird aber beim zweiten, strahlenresistenteren Organismus durch zelluläre Stoffwechselprozesse nachträglich reduziert.

Die letztere Möglichkeit für die unterschiedliche Wirkung gleicher Strahlendosen bei verschiedenen Organismen ist als wichtige Ursache unterschiedlicher Strahlensensibilitäten verschiedener Organismen einer Art in Betracht zu ziehen, seitdem nachgewiesen werden konnte, daß strahleninduzierte biologische Schäden tatsächlich wieder repariert, also beseitigt werden können. Die Zellen der Organismen verfügen über lange unerkannt gebliebene Mechanismen, die sie in die Lage versetzen, strahleninduzierte molekulare Veränderungen rückgängig zu machen. Heute wissen wir, daß dieses Ziel auf vielfältigen Wegen erreicht werden kann. Diese Wege können von gleichen oder verschiedenen Ausgangspunkten beginnend sich kreuzen, sich vereinen, sich wieder trennen und schließlich zu gleichen oder ungleichen Zielen führen. Das in der Zelle vorhandene Wegesystem ist also sehr komplex und noch längst nicht klar durchschaubar. Aber einige offensichtlich in allen unterschiedlichen Organismen auftretende Hauptwege dieses Systems zeichnen sich bereits deutlich ab und sind bis auf die molekulare Ebene verfolgbar. Wir wollen versuchen, in diesem Kapitel einen Überblick über diese Prozesse zu geben.

5.1 Erstes Ordnen der Vielfalt

Wir haben die Vielfalt der in Zellen ablaufenden Reparaturprozesse soeben mit einem komplex verzweigten Wegesystem verglichen, in dem bis heute nur einige Hauptwege näher bekannt sind. Wenn wir uns nun mit den Prozessen der Hauptwege näher beschäftigen wollen, ist es zweckmäßig zu versuchen, diese Prozesse etwas zu ordnen. Eine Ordnung erleichtert den Überblick und verschafft bessere Vergleichsmöglichkeiten.

Drei Kriterien sollen für einen solchen Ordnungsversuch verwendet werden:
a)   Die Zeitspanne, in der Reparaturen durchgeführt werden. Wird die Reparatur stets unmittelbar nach dem Eintreten der strahleninduzierten Moleküländerung vorgenommen oder auch später, z.B. nach einer Replikation (Verdopplung) der veränderten DNS?
b)   Die Ergebnisse der Reparaturprozesse. Ist die DNS-Struktur nach den Reparaturprozessen stets identisch mit der Struktur, die vor der Bestrahlung vorhanden war, oder treten auch Strukturänderungen auf?
c)   Die Energie, die für die Durchführung der Reparatur notwendig ist. Wird die notwendige Energie stets als chemische Energie (z.B. ATP) in der Zelle bereitgestellt oder gibt es auch Reparaturprozesse, die Energie in anderer Form verwenden?

Zeit, Ergebnis und Energie können als Ordnungskriterien verwendet werden, da in allen drei Fällen jeweils beide angegebenen Alternativen tatsächlich vom Bakterium bis zum Menschen realisiert worden sind.

Verwenden wir die Zeit als Kriterium, so kann man unterscheiden zwischen ,,praereplikativen" und ,,postreplikativen" Reparaturen. Was die Ergebnisse betrifft, so kann man unterscheiden zwischen ,,fehlerfreier" und ,,fehlerhafter" Reparatur. Bezüglich der notwendigen Energie ist zu unterscheiden zwischen Reparaturprozessen, die durch Bereitstellung chemischer Energie ermöglicht werden und solchen, die auf physikalische Energie in Form von sichtbarem Licht angewiesen sind. Letztere werden als Photoreparatur oder Photoreaktivierung bezeichnet. Im Gegensatz hierzu bezeichnet man die nicht Licht-abhängigen Reparaturprozesse als ,,Dunkelreparaturen".

Photoreparatur erfolgt nur in Gegenwart von Licht und auch nur in Zellen, die vom Licht erreicht werden. Bei Vielzellern also nur in den äußeren Hautschichten. In Gegenwart von Licht läuft eine Photoreparatur unmittelbar nach Eintritt des Schadens ab. Sie kann daher unter dieser Bedingung den praereplikativen Reparaturen zugeordnet werden.

Verwenden wir das Kriterium der Zeit als übergeordnetes Kriterium, so ergibt sich zunächst also folgende Einteilung:

praereplikative Reparatur | postreplikative Reparatur

Photoreparatur   Dunkelreparatur | Dunkelreparatur

Während für die Photoreparatur in den Zellen nur ein Mechanismus zur Verfügung steht, existieren vielfältige Dunkelreparaturmechanismen. Sie sind gekennzeichnet durch charakteristische Unterschiede. So werden im einfachsten Fall strahleninduzierte Strangbrüche repariert oder veränderte Purin- oder Pyrimidinbasen herausgeschnitten und durch unbeschädigte Basen ersetzt. Häufig wird nicht nur die beschädigte Base entfernt, sondern mit der beschädigten Base ein kurzer oder längerer Strang benachbarter Nucleotide. Derartige Reparaturmechanismen hat man daher „Ausschnitt-Reparatur" oder üblicher „Excision-Reparatur" genannt. Sie kommen ausschließlich bei praereplikativen Reparaturen vor. Ergänzen wir unser Orientierungsschema in diesem Sinne, so ergibt sich folgendes:

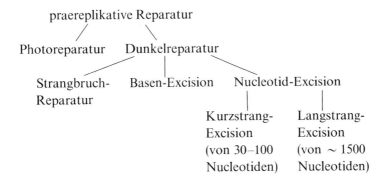

praereplikative Reparatur

Photoreparatur   Dunkelreparatur

Strangbruch-   Basen-Excision   Nucleotid-Excision
Reparatur

Kurzstrang-   Langstrang-
Excision   Excision
(von 30–100   (von ~ 1500
Nucleotiden)   Nucleotiden)

Schäden, die innerhalb des Zeitraumes bis zur ersten Replikation nicht repariert werden, verursachen bei der Replikation größere Lücken im neu synthetisierten Tochterstrang. Diese Lücken können entweder durch Rekomoinationsprozesse oder durch nachträgliche Neusynthesen gefüllt werden. Diese nachträgliche Auffüllung bei der Replikation entstandener längerer Stranglücken ist die letzte Chance der Zellen, mit dem Strahlenschaden fertig zu werden. Denn bleiben Stranglücken erhalten, so fehlen Informationen, und Zellen mit derart beschädigten DNS-Molekülen sind nicht lebensfähig. Diese letzte Reparaturchance wurde daher durch den einprägsamen Begriff „SOS-Reparatur" gekennzeichnet.

Wenn wir jetzt unser Orientierungsschema auch für die postreplikativen Reparaturprozesse ergänzen, ergibt sich:

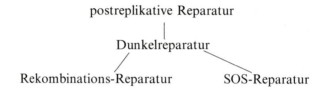

Diese Reparaturprozesse laufen sowohl in Bakterienzellen als auch in menschlichen
Zellen ab. Darüberhinaus sind noch Reparaturprozesse bekannt geworden, die
wohl ausschließlich in Bakterien ablaufen, denn die hierfür notwendigen Informationen sind auf separaten kleinen DNS-Molekülen gespeichert, die neben dem Bakterien-Chromosom zusätzlich in der Bakterienzelle vorkommen können, in
menschlichen Zellen aber nicht existieren. Man nennt diese vermehrungsfähigen
zusätzlichen DNS-Moleküle „Plasmide".

Plasmide spielen bei Bakterien eine große Rolle. In ihnen sind z. B. Informationen
für die Resistenz gegenüber zahlreichen Antibiotika, sowie für die Weitergabe von
Erbgut bei der Bakterien-Konjugation niedergelegt. Eine besondere Bedeutung haben Plasmide in jüngster Zeit für die Gentechnologie erhalten.

Fassen wir alle bisher erörterten Orientierungshilfen zusammen und kennzeichnen
dabei entsprechend dem Kriterium b) die fehlerfreien und fehlerhaften Reparaturprozesse, so kommen wir zu folgender Übersicht:

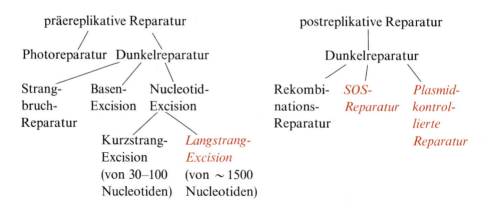

Die rot gedruckten Prozesse arbeiten fehlerhaft. Welche Konsequenzen das hat,
werden wir später erörtern.

Hiermit haben wir die Hauptwege, auf denen Reparaturprozesse ablaufen, benannt. In den folgenden Abschnitten wollen wir uns nun mit diesen Reparaturwe-
gen eingehender beschäftigen. Im Vordergrund des Interesses steht dabei die Frage:
Sind die verschiedenen bekannten Reparaturmechanismen für alle strahleninu-
zierten DNS-Schäden zuständig oder sind bestimmte Mechanismen auf die Reparatur bestimmter Schadenstypen spezialisiert?

5.2 Praereplikative Reparaturprozesse

Zur Gruppe der praereplikativen Reparaturprozesse gehören Photoreaktivierung, Strangbruch-Reparatur, Basen-Excision, sowie Nucleotid-Excision. Bei letzterer ist zwischen fehlerfrei verlaufender Kurzstrang-Excision und fehlerhaft verlaufender Langstrang-Excision zu unterscheiden. Da bei der Strangbruch-Reparatur Enzyme beteiligt sind, deren Wirkungsweise eingehend erst durch die Nucleotid-Excision bekannt geworden ist, soll diese Reparaturform erst als letzte dieser Gruppen behandelt werden.

5.2.1 Photoreparatur

Dieser Reparaturprozeß hat eine außerordentlich spezifische Wirkung. Durch Photoreparatur werden ausschließlich Pyrimidindimere in Monomere zerlegt. Wie auf S. 37 bereits erörtert wurde, treten Pyrimidindimere als Folge von UV-Bestrahlung auf. Durch Bestrahlung mit sichtbarem Licht mit Wellenlängen von 300–600 nm werden Pyrimidindimere in Gegenwart eines Enzyms, „Photolyase" oder „Photoreaktivierungs-Enzym" genannt, gespalten. Damit wird der ursprüngliche Zustand

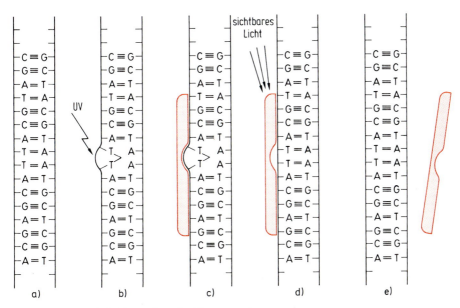

Abb. 23   Schematische Darstellung der Photoreparatur.
a) Ein Abschnitt ungeschädigter DNS.
b) Infolge von UV-Bestrahlung hat sich ein Thymin-Dimer gebildet.
c) Das Enzym Photolyase erkennt DNS-Abschnitte mit einem Thymin-Dimer und bildet damit einen Komplex. Zur Komplexbildung muß der DNS-Abschnitt mindestens 10–12 Nucleotidpaare lang sein.
d) Absorbiert der Komplex sichtbares Licht, so monomerisiert die Photolyase das Dimer.
e) Darauf löst sich die Photolyase von der DNS und sucht neue Pyrimidin-Dimeren enthaltende DNS-Abschnitte auf.

der DNS wiederhergestellt. Es erfolgt also keine Trennung der Phosphat-Desoxyribose-Stränge und kein Ausbau von Pyrimidindimeren.

Eine Trennung von Pyrimidindimeren kann auch in Abwesenheit der Photolyase durch Absorption von UV-Quanten mit Wellenlängen zwischen 220 und 300 nm erfolgen. In diesen Fällen absorbieren die Pyrimidindimere direkt die eingestrahlte Energie. UV erzeugt also Pyrimidindimere und löst solche auch wieder auf. Jedoch überwiegt die Bildung von Dimeren deutlich deren Auflösung. Pyrimidindimere sind aber nicht in der Lage, Strahlenenergie mit Wellenlängen zwischen 300–600 nm zu absorbieren. Die Absorption von Lichtenergie mit diesen Wellenlängen erfolgt durch die Photolyase.

In welchen Einzelschritten verläuft nun die Photoreparatur?

Bereits vor Bestrahlung mit sichtbarem Licht kann die Photolyase einen Komplex mit Pyrimidindimeren vom cis-syn-Typ (s. Abb. 22) bilden. Jedoch erst nach Absorption von sichtbarem Licht wird das Dimer in zwei Pyrimidin-Monomere zerlegt. Das Enzym löst sich darauf von der DNS und bildet einen nächsten Komplex mit einem weiteren Dimer, sofern vorhanden (s. Abb. 23).

Der Prozeß der Komplexbildung zwischen Photolyase und ihrem Substrat ist eingehend vor allem bei Bakterien und Hefen untersucht worden. Man kennt die Zeit, die zur maximalen Komplexbildung notwendig ist, und man hat auch die Anzahl der Photolyasemoleküle pro Zelle abgeschätzt (Tab. 5).

Tabelle 5
Anzahl der Photolyasemoleküle pro Zelle und notwendige Zeit zur maximalen Komplexbildung unter optimalen Bedingungen

Lebewesen	Photolyasemoleküle pro Zelle	Zeit notwendig zur maximalen Komplexbildung
Escherichia coli	20	~ 5 min
Saccharomyces cerevisiae (haploid)	180	~ 10 min
Saccharomyces cerevisiae (diploid)	360	~ 10 min

Photolyase-Aktivität ist in jüngster Zeit auch in menschlichen Zellen (Leukozyten, Fibroblasten) gefunden worden. Der Ausfall der Photoreparatur bei Fehlen aktiver Photolyase kann beim Menschen zu schweren Schäden führen (s. S. 72).

Photolyase-Moleküle sind aus verschiedenen Organismen isoliert worden. Dabei hat es sich überraschenderweise gezeigt, daß Photolyase-Moleküle bei vielen Organismen, z. B. auch beim viel untersuchten Bakterium *Escherichia coli* kein Chromophor für die Absorption von Lichtquanten der Wellenlänge 300–600 nm besitzen. Wie können diese Moleküle dennoch eine Photoreparatur katalysieren?

Eingehende Untersuchungen an *E. coli* haben gezeigt, daß eine Absorption im Bereich von 300–500 nm erst erfolgt, wenn die Photolyase mit Pyrimidindimeren in

UV-bestrahlter DNS einen Komplex gebildet hat. Erst durch die Komplexbildung kommt es offensichtlich zur Ausbildung eines Chromophors. Struktureinzelheiten dieses Prozesses sind bisher allerdings noch nicht bekannt.

Nachgewiesen wurde ein Chromophor in der Photolyase bisher nur bei dem das Antibiotikum „Streptomycin" bildenden Bakterium *Streptomyces griseus*. Die Photolyase dieses Bakteriums kann also auch sichtbares Licht absorbieren, ohne einen Komplex mit Pyrimidindimeren in der DNS gebildet zu haben.

Die spezifische Wirkung der Photolyase auf Pyrimidindimere kann als Mittel verwendet werden, den Einfluß von Pyrimidindimeren auf die Auslösung bestimmter biologischer Effekte, z.B. Mutationen oder Krebs, zu analysieren. Dabei geht man von folgender einfachen Überlegung aus:
Photolyase beseitigt bei Bestrahlung mit sichtbarem Licht ausschließlich Pyrimidindimere. Werden nun UV-induzierte biologische Effekte in Organismen verglichen, die entweder a) nach der UV-Bestrahlung sichtbarem Licht nicht ausgesetzt waren oder b) nach der UV-Bestrahlung photoreaktiviert wurden, so sind auftretende Unterschiede der biologischen Effekte in den Gruppen a) und b) eindeutig auf Pyrimidindimere zurückzuführen.

Ein besonders interessanter Fall sei kurz erwähnt.

Bei einem bekannten Aquariumsfisch, *Poecilia formosa*, können recht einfach Gewebetransplantationen durchgeführt werden, ohne daß die übertragenen Gewebe wieder abgestoßen werden, da sich diese Fische aus unbefruchteten Eiern entwickeln, und die Geschwister eines Wurfes genetisch identisch sind. Werden nun einem Fisch (Spender) Thymuszellen entnommen, mit UV $(10-20\,\mathrm{J}\cdot\mathrm{m}^{-2})$ bestrahlt und

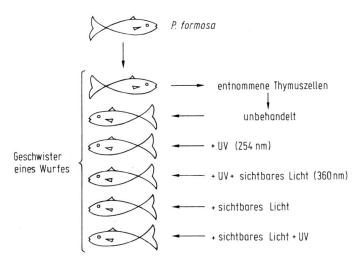

Abb. 24   Schema des Versuchsansatzes zum Nachweis der Photoreparierbarkeit UV-erzeugter Schäden, die bösartige Geschwülste verursachen. Einzelheiten im Text (Nach Hart und Setlow, 1975).

dann in einen anderen Fisch (Empfänder) injeziert, so entwickelt sich aus den bestrahlten, injezierten Zellen im Empfänger mit nahezu 100%iger Häufigkeit eine
bösartige Geschwulst (Krebs). Folgt dagegen auf die UV-Bestrahlung eine Bestrahlung mit sichtbarem Licht und dann die Injektion, so erfolgt die Ausbildung bösartiger Geschwülste nur in stark verringertem Ausmaß. Wird sichtbares Licht jedoch
vor der UV-Bestrahlung angeboten, wirkt das nicht reduzierend auf die Ausbildung
bösartiger Tumore.

Diese Ergebnisse beweisen, 1. daß UV-Bestrahlung Krebs auslösen kann, und 2.
daß UV-induzierte Pyrimidindimere die Ursache des Krebses sind und nicht andere
UV-erzeugte Schäden.

Damit haben wir ein Beispiel kennengelernt, das deutlich zeigt, wie Photoreaktivierung als Hilfsmittel bei der Analyse von Prozessen, die zur Ausbildung bestimmter
strahleninduzierter biologischer Effekte führen, sinnvoll eingesetzt werden kann.

5.2.2 Ausschnittreparatur (Excision-Reparatur)

Alle im folgenden erörterten Reparaturprozesse benötigen kein Licht als Energie-
quelle. Die notwendige Energie wird als chemische Energie, vornehmlich wohl als
Adenosintriphosphat (ATP), bereitgestellt. Sie gehören daher alle zur Gruppe der
„Dunkelreparaturprozesse".

Wie bereits auf S. 43 erörtert, lassen sich im Rahmen der praereplikativen Reparaturen zwei Gruppen von Excision-Reparaturen unterscheiden. Es kann entweder
zur Entfernung einzelner veränderter Basen kommen (Basen-Excision) oder zur
Entfernung der veränderten Basen nebst zugehörigen Zucker- und Phosphatgruppen, sowie einer kleineren oder größeren Anzahl benachbarter Nucleotide (Nucleotid-Excision).

5.2.2.1 Basen – Excision

Eine Reparatur durch enzymatische Excision einzelner Basen ist erst in jüngster
Zeit nachgewiesen worden. Enzyme, die die Trennung von Base und Zucker in der
DNS katalysieren, werden als DNS-Glycosylasen bezeichnet. (Zuerst wurde für die
gleichen Enzyme der Ausdruck DNS-Glycosidase verwendet.) Der Phosphat-Zuk-
ker-Phosphat-Strang wird also durch diese Enzyme nicht angegriffen.

Soweit heute bekannt, sind DNS-Glycosylasen auf bestimmte Basen spezialisiert.
So ist eine z.B. auf das Herausschneiden von Uracil aus DNS programmiert, eine
andere auf das Herausschneiden von methyliertem Adenin (3-Methyladenin-DNS-
Glycosylase)[1]. Für die Reparatur von Strahlenschäden ist die Uracil-DNS-Glycosylase von besonderem Interesse, denn Uracil kann aus Cytosin durch Verlust der

---

[1] 3-Methyladenin entsteht als Folge einer Behandlung mit alkylierenden Agenzien.

Aminogruppe entstehen. Ist auf diese Weise Uracil in der DNS vorhanden, so wird bei einer Replikation Adenin als komplementäre Base eingebaut, anstelle eines C≡G Paares ist also ein U=A Paar entstanden, das bei der nächsten Replikation ein T=A Paar entstehen läßt (s. Abb. 25). Daraus wird erkenntlich, wie wichtig die Beseitigung von strahleninduziertem Uracil ist.

Abb. 25 a) Struktur der Pyrimidinbasen Cytosin, Uracil und Thymin.
b) Beispiel wie nach Umwandlung von Cytosin in Uracil und nachfolgende Replikation durch Einbau der jeweils komplementären Basen in der 2. Generation ein T=A Basenpaar anstelle des ursprünglich vorhandenen C≡G Basenpaares getreten ist.

Uracil-DNS-Glycosylase ist sowohl in Bakterien als auch in Säugerzellen (Mensch) nachgewiesen worden.

Natürlich ist das Herausschneiden einer veränderten Base nur ein erster Schritt. Die entstandene Lücke muß ergänzt werden (Abb. 26). Das könnte durch ein Enzym mit Insertase-Funktion geschehen. Ein solches Enzym, spezialisiert auf das Einsetzen von Guanin in entsprechende Lücken in der DNS wurde aus menschlichen Zellen in jüngster Zeit isoliert. Ergebnisse über Insertasen spezialisiert auf andere Basen stehen noch aus, werden aber demnächst zu erwarten sein.

Bekannt ist bereits heute eine andere Gruppe von Enzymen, die Stellen in der DNS angreifen, an denen eine Purin- oder Pyrimidinbase fehlt, und dort den Phosphat-Zucker-Strang zerschneiden. Derartige Enzyme werden AP-Endonucleasen genannt. Dabei steht AP für „apurinic site" oder „apyrimidinic site", also Stellen in der DNS, an denen eine Purin- oder Pyrimidinbase fehlt. AP-Endonucleasen sind bei Bakterien, Pflanzen und Säugetieren einschließlich Mensch nachgewiesen wor-

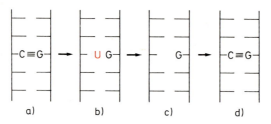

Abb. 26   Wirkung von Glycosylase und Insertase.
a) Ursprüngliches Basenpaar Cytosin und Guanin.
b) Durch Verlust der Aminogruppe steht Uracil an Stelle von Cytosin.
c) Uracil-DNS-Glycosylase hat Uracil entfernt.
d) Durch eine Insertase ist Cytosin wieder in die Lücke eingesetzt worden.

den. Bei Eukaryonten kommen sie in der Nicht-Histon Fraktion des Chromatins
vor.

Ist der Phosphat-Zucker-Strang durch eine AP-Endonuclease zerschnitten worden,
so ist in der DNS ein freies Strangende entstanden, das von Enzymen, die auf den
Abbau freier Enden von DNS-Strängen spezialisiert sind, abgebaut werden kann.
Auf diese Weise wird eine Anzahl von Nucleotiden entfernt. Derart entstandene
Lücken in einem DNS-Strang werden wieder aufgefüllt und mit dem erhalten gebliebenen Strangstück verkoppelt. Katalysiert werden diese Prozesse durch Polymerasen und Ligasen. Ein solcher Reparaturprozeß gehört aber bereits zur „Nucleotid-Excision", mit der wir uns anschließend befassen wollen.

5.2.2.2 Nucleotid-Excision

Nach der Photoreaktivierung ist die Nucleotid-Excision der am längsten bekannte
und am intensivsten untersuchte Reparaturprozeß. Dabei konnte die Mitwirkung
einer ganzen Reihe von Reparaturenzymen von Bakterien bis zu den Säugetieren
nachgewiesen werden. Diese Reparaturenzyme haben vielfältige Funktionen. Sie
können DNS-Stränge zerschneiden (Endonucleasen), Nucleotide von freien
Strangenden abbauen (Exonucleasen), fehlende Nucleotide eines Stranges wieder
ergänzen (Polymerasen) oder Stranglücken schließen (Ligasen). Nicht stets sind
diese verschiedenen Funktionen getrennten Molekülen zugeordnet. Es kommt
auch vor, wie wir sehen werden, daß mehrere Funktionen von einem Molekül
wahrgenommen werden können.

Für ein Verständnis der Funktionen dieser Reparaturenzyme ist die unterschiedliche Polarität der beiden Stränge eines DNS-Moleküls besonders zu beachten, da
Exonucleasen und Polymerasen nur in bestimmter Richtung arbeiten können.

Die Struktur eines DNS-Moleküls ist bereits in Abb. 9 und 10 (S. 23 u. 24) dar-
gestellt worden. Betrachtet man die aus Phosphatgruppen und Zucker bestehenden
Längsstränge eingehender, so wird ein Polaritätsunterschied zwischen den beiden
Strängen erkenntlich. Desoxyribose enthält 5 C-Atome, die durch die Nummern

1′ bis 5′ gekennzeichnet werden[1]. Jeweils am C1′-Atom sitzt die Base. Die Phosphatgruppe, die jeweils zwischen zwei Desoxyribosen angeordnet ist, ist stets mit dem C3′-Atom der einen und dem C5′-Atom der anderen Desoxyribose verbunden. Für einen Strangabschnitt ergibt sich also z. B. folgende Anordnung:

$$-P-5'-4'-3'-P-5'-4'-3'-P-5'-4'-3'-P-$$

Vergleicht man nun die entsprechende Zahlenfolge des anderen Stranges, so stellt man eine Umkehrung fest. Ein Doppelstrangabschnitt kann unter Berücksichtigung der Phosphatgruppen und der an sie gebundenen C-Atome der Desoxyribose also folgendermaßen gekennzeichnet werden:

$$-P-5'-3'-P-5'-3'-P-5'-3'-P-5'-3'-P-$$
$$-P-3'-5'-P-3'-5'-P-3'-5'-P-3'-5'-P-$$

Eine allgemein übliche, anschauliche Darstellung dieser Struktur eines Doppelstranges unter Einbeziehung der Basen zeigt Abb. 27.

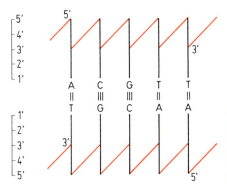

Abb. 27 Oft benützte stark vereinfachte Schreibweise zur Kennzeichnung der Polarität der Stränge eines DNS-Moleküls. Links Symbol für die Desoxyribose mit Anordnung der C-Atome 1′ bis 5′. Rechts Teil eines DNS-Moleküls. Die Phosphatgruppen sind durch einen roten Strich gekennzeichnet.

Stellen wir uns vor, ein winziger Betrachter gleitet an einem solchen Doppelstrang von links nach rechts entlang. Für einen solchen Betrachter sehen die beiden Stränge unterschiedlich aus. Auf dem oberen Strang erscheint ihm nach einer Phosphatgruppe stets ein C5′-Atom einer Desoxyribose, während ihm auf dem unteren Strang nach einer Phosphatgruppe stets ein C3′-Atom entgegentritt. Die Zuckermoleküle beider Stränge sind also um 180° gegeneinander verdreht angeordnet. Die Stränge haben eine unterschiedliche Polarität.

Ein solcher Strukturunterschied ist für Enzyme von großer Bedeutung. Sie sind darauf spezialisiert, Prozesse, die in 5′ → 3′-Richtung ablaufen oder solche, die in 3′ → 5′-Richtung ablaufen, zu katalysieren. Diese sich aus der Polarität der DNS-Stränge ergebende Besonderheit ist stets zu beachten, wenn das Zusammenwirken der verschiedenen Reparaturenzyme verstanden werden soll. Zum besseren Ver-

---

[1] Nummern mit Strich kennzeichnen C-Atome im Zucker der DNS. Nummern ohne Strich sind Kennzeichen für Atome der Basen.

Tabelle 6
Funktionen der drei DNS-Polymerasen aus Escherichia coli

Funktion	Richtung	Polymerase		
		I	II	III
Polymerisation	$5' \rightarrow 3'$	+	+	+
	$3' \rightarrow 5'$	–	–	–
Exonucleasefunktion	$5' \rightarrow 3'$	+	–	–
	$3' \rightarrow 5'$	+	+	+

ständnis sind in Tab. 6 die Funktionen der drei bisher bekannten DNS-Polymerasen aus Bakterien zusammengestellt. Wie man sieht, erfolgt die Polymerisation ausschließlich in $5' \rightarrow 3'$-Richtung. D.h., ein neu synthetisierter Strang beginnt stets mit dem C5'-Atom, an dem in der Regel noch Phosphatgruppen hängen, da für die Synthese Nucleosidtriphosphate bereitstehen. Er endet stets mit einem C3'-Atom. Bisher sind keine Nucleinsäurepolymerasen bekannt geworden, die in anderer Richtung polymerisieren können.

Bei der Polymerisation eines Strangstückes ist noch zu beachten, daß Polymerasen Informationen über die aneinanderzureihenden Nucleotide aufnehmen müssen. Diese Informationen liefern ihnen die Nucleotide des komplementären Stranges. Sie müssen also die Basenfolge eines Stranges ablesen, um einen neuen Strang in $5' \rightarrow 3'$-Richtung polymerisieren zu können. Notwendigerweise erfolgt daher die Ablesung in $3' \rightarrow 5'$-Richtung. Alle drei Polymerasen haben auch noch Exonuclease-Funktionen. D.h., sie können auch Nucleotide von einem Strangende abbauen. Die Richtung der Exonucleasefunktion kann der Richtung der Polymerasefunktion entsprechen, also eine $5' \rightarrow 3'$-Richtung sein, wie bei der Polymerase I, oder sie kann umgekehrt in $3' \rightarrow 5'$-Richtung verlaufen, wie bei allen drei Polymerasen. Im ersten Fall kann die Polymerase I also an einem DNS-Strang entlanggleiten und dabei Nucleotide vor sich abbauen und hinter sich einen neuen Strang polymerisieren. Im zweiten Fall verfügen die Polymerasen über die Fähigkeit, einen Rückwärtsgang einzulegen. Sie polymerisieren zunächst in $5' \rightarrow 3'$-Richtung, legen dann u.U. den Rückwärtsgang ein und können den soeben synthetisierten Strang in $3' \rightarrow 5'$-Richtung wieder abbauen. Diese Fähigkeit dient offensichtlich der Entfernung falsch eingebauter Basen, also zur Korrektur des frisch synthetisierten Strangabschnittes. Sind bei der Polymerisation falsche Basen eingebaut worden, kann der Rückwärtsgang mit Exonucleasefunktion eingeschaltet werden. Die fehlerhafte Strangstelle wird entfernt, dann wird wieder auf Vorwärtsgang umgestellt und noch einmal das fehlende Strangstück synthetisiert.

Betrachten wir nun einmal die Prozesse einer Nucleotid-Excision in der Reihenfolge, in der sie im allgemeinen ablaufen (Abb. 28). Zunächst wird ein DNS-Strang in der Nähe einer veränderten Stelle zerschnitten, ein Prozeß, der durch eine Endonuclease katalysiert wird. Da als Folge von Bestrahlungen unterschiedliche Veränderungen in der DNS auftreten können (s. Kapitel 4), sind die auslösenden Signale für

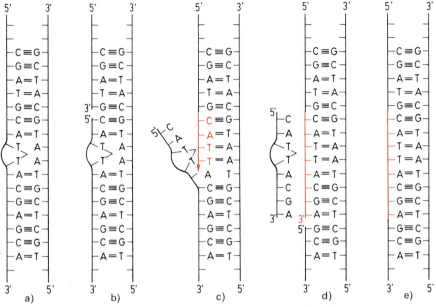

Abb. 28 Schematische Darstellung der fehlerfreien Kurzstrang-Excision-Reparatur.
a) Als Folge einer UV-Bestrahlung ist ein Pyrimidindimer (P̂P) in einem DNS-Strang entstanden.
b) In der Nähe des P̂P wird durch eine P̂P-Endonuclease der betroffene Strang durchschnitten.
c) und d) Durch Polymerase I werden 30 bis 100 Nucleotide einschließlich P̂P entfernt und neue
Nucleotide komplementär zur Nucleotidfolge des unbeschädigten Stranges eingebaut.
e) Durch eine Polynucleotid-Ligase wird eine kovalente Bindung zwischen dem C3′-OH-Ende des neu
synthetisierten Strangabschnittes und dem P-C5′-Ende des erhalten gebliebenen Strangteiles katalysiert.

den Einsatz von Endonucleasen in der Regel schwierig genau zu bestimmen. Im
vorigen Kapitel haben wir bereits erfahren, daß es Endonucleasen gibt, die einen
Strangbruch an solchen Stellen herbeiführen, wo eine Base fehlt (AP-Endonucleasen). Es gibt auch Endonucleasen, die auf ein breites Spektrum verschiedener
Strahlenschäden reagieren, also nicht immer nur an einer in bestimmter Weise
veränderten Stelle den Strang zerschneiden. Für ein genaues Studium dieser Prozesse gilt es aber nach Endonucleasen zu suchen, die nur auf einen bestimmten Auslöser reagieren. Pyrimidin-Dimer-Endonucleasen (P̂P-Endonucleasen) sind hierfür
am geeignetsten. Sie zerschneiden nur in der Nähe eines Pyrimidin-Dimers den das
Dimer enthaltenden Strang zwischen Phosphatgruppe und C3′-Atom (s. Abb. 28).

Von derart entstandenen freien Strangenden mit Phosphatgruppe können nun
durch die Polymerase I Nucleotide einschließlich der Pyrimidin-Dimere in 5′ → 3′-
Richtung abgebaut und gleichzeitig entsprechend den Informationen des Partner-
stranges in gleicher Richtung neu aneinandergeheftet werden. Dabei werden etwa
30 bis 100 Nucleotide aus- und mit großer Genauigkeit wieder eingebaut (Kurzstrang-Excision). Die Genauigkeit des Nucleotideinbaus wird offensichtlich durch
ständige Korrekturen möglicher Fehleinbauten durch die 3′ → 5′ Exonuclease-

funktion der Polymerase gewährleistet. Die Kurzstrangreparatur arbeitet also fehlerfrei.

Die Verbindung des C3′ — OH-Endes des letzten von der Polymerase I eingebauten Nucleotids mit dem P — C5′-Ende des Nucleotids auf dem erhalten gebliebenen Strangstück wird schließlich durch eine Polynucleotid-Ligase katalysiert. Damit ist die Schadenstelle entfernt und der ursprüngliche Zustand der DNS wiederhergestellt worden.

Neben dieser fehlerfrei arbeitenden Kurzstrang-Excision-Reparatur ist bei Bakterien auch eine Excision-Reparatur nachgewiesen worden, bei der Strangstücke, die aus etwa 1500 Nucleotiden bestehen, ersetzt werden (Langstrang-Excision). Dieser Reparaturprozeß verläuft aber nicht fehlerfrei. Es treten Informationsänderungen in der DNS, also Mutationen, auf.

Wodurch Langstrang-Excision ausgelöst wird, ist noch nicht eindeutig geklärt. Bekannt ist, daß z.T. andere Reparaturenzyme als bei der Kurzstrang-Excision beteiligt sind. So sind neben einer Ligase eine andere Endonuclease, Exonuclease und Polymerase sowie weitere induzierbare Proteine mit z.T. noch unbekannten

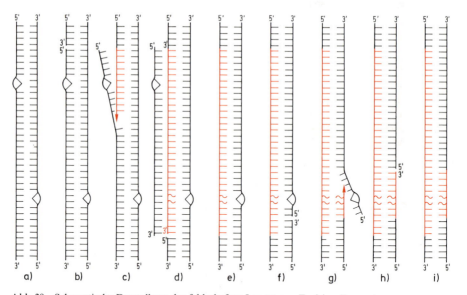

Abb. 29   Schematische Darstellung der fehlerhaften Langstrang-Excision-Reparatur.
a) Pyrimidin-Dimere sind in einigem Abstand voneinander auf beiden DNS-Strängen aufgetreten.
b) Eine P̂P-Endonuclease hat im linken Strang einen Einschnitt durchgeführt.
c) Durch eine Exonuclease werden bis zu 1500 Nucleotide ausgebaut.
d) Eine Polymerase hat den fehlenden Strangabschnitt mit Nucleotiden komplementär zu denen des rechten Stranges ergänzt. Gegenüber dem Pyrimidin-Dimer wurden beliebige Basen eingebaut.
e) Die kovalente Bindung zwischen neu synthetisiertem Strangabschnitt und erhalten gebliebenem Strang ist durch eine Polynucleotid-Ligase hergestellt worden.
f, g, h, i) Kurzstrang-Excision-Reparatur zur Beseitigung des Pyrimidin-Dimers im rechten DNS-Strang.

Funktionen (Rec A-, Rec B-, Rec C- und Lex A-Protein) nachgewiesen worden (vgl. S. 67). Im Gegensatz zur Kurzstrang-Excision läuft die Langstrang-Excision nur ab, wenn die Zellen Nährmedium als Energiequelle verfügbar haben.

In Abb. 29 sind die wesentlichen Schritte schematisch zusammengefaßt. Allgemein wird heute angenommen, daß Langstrang-Excision dann eintritt, wenn Strahlenschäden, z. B. Pyrimidin-Dimere, auf beiden DNS-Strängen relativ nahe beieinander auftreten. Die Reparatur beginnt dann mit dem Zerschneiden eines Stranges in der Nähe des Dimers durch eine $\hat{P}P$-Endonuclease. Bis zu etwa 1500 Nucleotide werden darauf durch Exonuclease V in $5' \rightarrow 3'$-Richtung abgebaut, und ein neuer Strang wird polymerisiert durch Polymerase III. Wie aus Tab. 4 zu ersehen war, hat die Polymerase III im Gegensatz zur Polymerase I keine $5' \rightarrow 3'$ Exonucleasefunktion. Es wirkt daher eine besondere Exonuclease, Exonuclease V, bei dieser Reparatur mit. Die Verbindung zwischen neu synthetisiertem Strang und altem Strangende wird wieder durch eine Ligase geknüpft. Wenn Abbau und Polymerisation des einen Stranges die Schadenstelle im zweiten Strang überschreiten, so bietet das dort vorhandene Pyrimidin-Dimer der Polymerase III keine Informationen über an diese Stelle einzubauende Nucleotide. Es kann zum Einbau falscher Nucleotide kommen. In einer zweiten Reparaturphase wird nun das im zweiten Strang noch vorhandene Pyrimidin-Dimer mit einigen Nucleotiden ausgeschnitten. Diese Reparatur entspricht einer Kurzstrang-Excision. Bei der Synthese des neuen Strangstückes dient nun das vorher neu synthetisierte Stück des anderen DNS-Stranges als Matrize, einschließlich der falschen Basen. Diesen Basen werden nun entsprechende komplementäre Basen gegenübergestellt. Die ursprüngliche Basenfolge in der DNS ist an dieser Stelle also nicht mehr vorhanden. Eine Mutation ist eingetreten. Die Reparatur war fehlerhaft.

Damit haben wir die Grundlagen der Reparaturprozesse mit Hilfe einer Nucleotid-Excision kennengelernt und können nun mit der Erörterung der Strangbruch-Reparatur die praereplikativen Reparaturprozesse abschließen.

5.2.3 Reparatur von Strangbrüchen

Strangbrüche treten in DNS-Molekülen vorwiegend als Folge der Wirkung ionisierender Strahlen auf. In Kapitel 4.1 sind diejenigen Prozesse, die zu Strangbrüchen führen können, zusammenfassend dargestellt worden. Dabei wurde berichtet, daß Strangbrüche auf verschiedene Weise eintreten können. Sie können durch Sprengung der Phosphatesterbindung, also der Bindung zwischen Phosphatgruppe und Zucker, durch Sprengung einer C—C-Bindung im Zucker oder durch Sprengung der Sauerstoffbrücke im Zucker eintreten (s. Abb. 19). Im letzteren Fall wird der Strangbruch von einem Basenverlust begleitet.

Hier ist nun besonders hervorzuheben, daß die Sprengung von Phosphatesterbindungen zur Herstellung unterschiedlicher Strangenden führt, je nachdem ob die

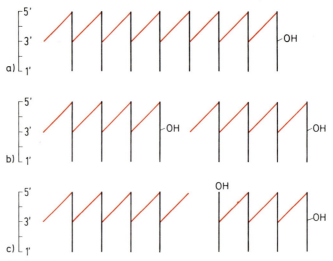

Abb. 30   Einzelstrangbrüche mit unterschiedlichen Endgruppen.
a) Schematische Darstellung eines DNS-Stranges.
b) Strangbruch zwischen C3′ und Phosphatgruppe.
c) Strangbruch zwischen C5′ und Phosphatgruppe.

Sprengung zwischen dem C5′-Atom und Phosphatgruppe oder dem C3′-Atom und Phosphatgruppe erfolgt (s. Abb. 30).

Damit entstehen also unterschiedliche Ansatzstellen für Exonucleasen und Polymerasen. Quantitative Bestimmungen der Endgruppen von DNS-Strängen aus bestrahlten Zellen haben gezeigt, daß bei 40% der Strangbrüche die Phosphatgruppe am C5′-Atom verbleibt, die Phosphatesterbindung also in diesem Fall zwischen Phosphatgruppe und C3′-Atom gesprengt wird. Es konnte weiter nachgewiesen werden, daß das Strangende mit C3′-Atom zwar eine OH-Gruppe trägt, aber dennoch nicht als Startsignal für eine Polymerase wirkt. Offensichtlich treten häufig noch zusätzliche Veränderungen, z. B. im Zuckermolekül, auf, die den Polymerase-Start verhindern. Darüberhinaus sind auch C3′-Phosphat-Strangenden nach Bestrahlung nachgewiesen worden. Hier ist also die Bindung zwischen Phosphatgruppe und C5′-Atom gesprengt worden.

Diese Hinweise verdeutlichen, daß strahleninduzierte Strangbrüche zur Ausbildung sehr unterschiedlicher Endgruppen führen und daher mit Sicherheit nicht alle durch eine Polynucleotid-Ligase, deren Funktion wir bei der Nucleotid-Excision kennengelernt haben, beseitigt werden können.

Dennoch hat es sich gezeigt, daß etwa 90% aller Strangbrüche außerordentlich schnell, bei Säugetierzellen innerhalb einiger Minuten, repariert werden können. Bei diesen Strangbruchreparaturen werden stets auch einige neue Basen in die DNS eingebaut. Es liegt daher nahe anzunehmen, daß die Reaaparatur analog zur Excision-Reparatur erfolgt. Exonucleasen entfernen zunächst die geschädigte Stelle

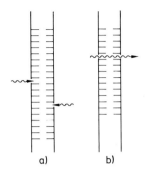

Abb. 31   Doppelstrangbrüche
a) In beiden Strängen sind Strangbrüche etwas gegeneinander ver-
setzt aufgetreten.
b) In beiden Strängen sind Strangbrüche unmittelbar gegenüber
aufgetreten.

und möglicherweise auch einige nicht beschädigte Nachbar-Nucleotide. Darauf
synthetisieren Polymerasen ein neues Strangstück, indem sie den unbeschädigten
komplementären Strang als Matrize benutzen. Schließlich verbinden Ligasen das
neu synthetisierte Strangstück mit dem erhalten gebliebenen Reststrang.

Einen Sonderfall stellen Doppelstrangbrüche dar. Sie entstehen entweder dadurch,
daß zwei Einzelstrangbrüche auf beiden Strängen nahe beieinander auftreten, oder
dadurch, daß ein ionisierendes Partikel beide Stränge eines DNS-Moleküls trifft
(Abb. 31). Lange Zeit hat man geglaubt, daß Doppelstrangbrüche nicht repariert
werden könnten. Erst in jüngster Zeit konnte nachgewiesen werden, daß in Bakterien, Hefen und Säugetierzellen auch Doppelstrangbrüche repariert werden können. Doppelstrangreparaturen erfolgen jedoch nur, wenn die Zellen Enzyme besitzen, die für Rekombinationsprozesse erforderlich sind. Diese Reparatur gehört
also bereits zur Gruppe der Rekombinations-Reparaturen, die anschließend zu
behandeln ist.

5.3 Postreplikative Reparaturprozesse

Strahleninduzierte DNS-Schäden, die nicht innerhalb der bis zur nächsten DNS-
Replikation verfügbaren Zeit repariert worden sind, können folgendes bewirken:
Es kann zu einem Abbruch der Replikation kommen. Dadurch wird eine weitere
Vermehrung der betroffenen Zelle verhindert, da die Tochterzellen infolge der blok-
kierten DNS-Replikation keine vollständige Ausstattung mit Erbgutinformatio-
nen erhalten.

Es kann aber auch der DNS-Polymerase gelingen, über die Schadenstelle eines
Stranges „hinwegzuspringen" und die Polymerisation des Tochterstranges hinter
der Schadenstelle an einer geeigneten Startstelle wieder aufzunehmen.

Die Folge derartiger Sprünge sind in der Regel längere Lücken von etwa 1000
Nucleotiden im neu synthetisierten Tochterstrang. Das Ausfüllen dieser Lücken im
Tochterstrang und die Beseitigung der im Elternstrang noch vorhandenen Scha-

denstelle kann auf zweierlei bisher bekannt gewordenen Wegen erfolgen: Durch Rekombinations-Reparatur oder durch SOS-Reparatur.

5.3.1 Rekombinations-Reparatur

Als Rekombination bezeichnen Erbbiologen einen Vorgang, der dazu führt, daß normalerweise gekoppelt vererbte Merkmale in einer folgenden Generation nicht mehr gekoppelt, sondern in neuen Kombinationen auftreten. Das Erbgut der Eltern ist dann „rekombiniert" worden. Die gekoppelte Vererbung bestimmter Merkmale beruht darauf, daß die Informationen zur Ausbildung dieser Erbmerkmale, die Gene[1], nahe beieinander auf einem Chromosom liegen. Wird die Vererbung von Merkmalen rekombiniert, so müssen zunächst also Chromosomen rekombiniert werden, d.h. es erfolgt ein Stückaustausch zwischen homologen Chromosomen bei der Bildung von Keimzellen (Abb. 32). Dadurch können die ursprünglich auf einem Chromosom vereinten Gene für zwei Merkmale voneinander getrennt werden.

Ein Austausch von Chromosomenstücken bedeutet auch einen Austausch von DNS-Stücken, denn in diesen sind die Informationen für die Ausbildung von Merkmalen niedergelegt.

Wenn Abschnitte eines DNS-Moleküls ausgetauscht werden sollen, so setzt das voraus, daß bei zwei DNS-Molekülen die Längsstränge zerschnitten und nach Rekombination wieder verknüpft werden. Diese Prozesse werden natürlich durch Enzyme katalysiert. Nur wenn die für eine Rekombination notwendigen Enzyme in

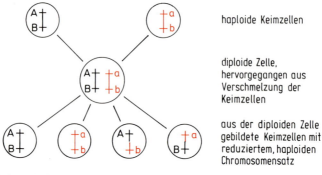

haploide Keimzellen

diploide Zelle, hervorgegangen aus Verschmelzung der Keimzellen

aus der diploiden Zelle gebildete Keimzellen mit reduziertem, haploiden Chromosomensatz

Abb. 32 Schematische Darstellung der Rekombination von Erbanlagen.
Während zunächst die Erbanlagen AB und ab jeweils auf einem Chromosom liegen und daher gekoppelt vererbt werden, ist es bei der Keimzellenbildung in einigen Keimzellen, den beiden rechten in der Abbildung, zu einem Stückaustausch zwischen den Chromosomen gekommen. Von diesen Keimzellen werden nun die beiden Erbanlagen in neuer Kombination, Ab und aB, weiter vererbt.

---

[1] vgl. auch S. 19 und 26.

der Zelle vorhanden sind, können Rekombinationen des Erbgutes eintreten. Tatsächlich kennt man Organismen, bei denen Rekombinationen gekoppelter Gene niemals vorkommen. Die Analyse hat gezeigt, daß bei ihnen als Folge von Mutationen keine funktionsfähigen Rekombinationsenzyme gebildet werden. Man sagt: Diese Organismen sind Rekombinations-negativ.

Nun haben strahlenbiologische Versuche mit Bakterien zuerst gezeigt, daß Rekombinations-negative Mutanten eine größere Strahlenempfindlichkeit besitzen als die Rekombinations-positiven Ausgangsstämme. Nachdem immer mehr Kenntnisse über zelluläre Reparaturprozesse errungen wurden, bahnte sich die Vermutung an, daß die Parallelität zwischen negativem Rekombinationsvermögen und erhöhter Strahlenempfindlichkeit darauf hinweisen könnte, daß auch Rekombinationsprozesse an der Reparatur von Strahlenschäden beteiligt sind. Sind Rekombinationsprozesse infolge fehlender aktiver Enzyme nicht möglich, unterbleiben auch spezielle Reparaturprozesse, und eine solche Zelle wäre empfindlicher gegenüber einer bestimmten Strahlendosis als eine rekombinationsfähige Zelle.

Vielfältige Versuchsergebnisse haben tatsächlich einen derartigen Zusammenhang nachgewiesen. Allerdings konnten viele Einzelheiten bis heute noch nicht geklärt werden, da bisher zwar Modelle über den möglichen Ablauf von Rekombinations-

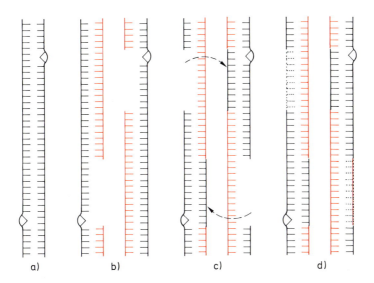

Abb. 33 Schematische Darstellung einer möglichen Rekombinations-Reparatur.
a) Als Folge einer UV-Bestrahlung sind Pyrimidin-Dimere in der DNS aufgetreten.
b) Das DNS-Molekül ist repliziert worden, und zwei Tochtermoleküle sind entstanden, gegenüber den Dimeren sind längere Stranglücken aufgetreten.
c) Die Stranglücken werden durch Rekombination von entsprechenden Strangabschnitten des anderen Tochtermoleküls aufgefüllt.
d) Die in den Tochtermolekülen durch die Rekombination entstandenen Stranglücken werden durch Neusynthese gefüllt.

prozessen auf der Ebene der DNS vorliegen, aber man z.Zt. von einer genaueren Kenntnis dieser Prozesse noch recht weit entfernt ist. Ein möglicher Ablauf der Rekombinations-Reparatur ist in Abb. 33 dargestellt.

Als Folge einer Bestrahlung treten in beiden DNS-Strängen Schadenstellen (z.B. Pyrimidin-Dimere nach UV-Bestrahlung) auf. Unterbleibt nun eine praereplikative Reparatur, so sind die Schadenstellen noch während der DNS-Replikation vorhanden. Das führt dazu, daß die neusynthetisierten Tochterstränge zunächst nicht durchgehend, sondern in Teilstücken gebildet werden. Nach UV-Bestrahlung konnte nachgewiesen werden, daß die Anzahl dieser Teilstücke etwa der Anzahl der pro DNS-Molekül gebildeten Pyrimidin-Dimere entspricht. Zwischen den Teilstücken treten Lücken von etwa 1000 Nucleotiden auf. Diese Lücken werden erst später durch einen Rekombinationsprozeß aufgefüllt und die Tochterstrangteilstücke werden miteinander verknüpft. Als Folge der Rekombination entstehen Stranglücken in den Elternsträngen, die durch Neusynthese aufgefüllt werden (s. Abb. 33). Zu beachten ist, daß nach der Replikation die beiden DNS-Doppelstränge jeweils in einem Strang (dem Elternstrang) noch Schadenstellen enthalten. Verfügt also eine Zelle nur über die Möglichkeit zur postreplikativen Reparatur, so braucht sie mehrere Replikationsrunden, ehe alle Schäden beseitigt sind. Kann sie auch praereplikative Reparaturen ausführen, so können die nach der Replikation verbleibenden Schadenstellen z.B. durch Nucleotid-Excision beseitigt werden.

Bei Bakterien sind bisher sieben Gene nachgewiesen worden, deren Vorhandensein für den Ablauf der Rekombinations-Reparatur erforderlich ist. Neben Genen für eine Endonuclease (UVR D), für die Polymerase I oder III (POL A oder POL C), für Ligase (LIG) handelt es sich um vier Gene, die Informationen für an den Rekombinationsprozessen direkt oder indirekt beteiligte Enzyme enthalten (REC A, REC B, REC F und LEX A).[1] Für Rekombinations-Reparaturen ist das Zusammenwirken aller Enzyme erforderlich. Fällt eines der Gene durch Mutation aus, so kann Rekombinations-Reparatur nur in reduziertem Ausmaß oder gar nicht stattfinden.

Wir haben hier zum ersten Mal Symbole für Gene angegeben, die für die Durchführung von Reparaturprozessen notwendig sind. Das wurde deswegen erforderlich, weil die Existenz dieser Gene durch genetische Analysen nachgewiesen werden kann, die zugehörigen Genprodukte, also die entsprechenden Enzyme, aber noch nicht alle bekannt sind. Ein Teil dieser Genprodukte ist auch an weiteren Reparaturprozessen beteiligt, so z.B. an der Reparatur von Doppelstrangbrüchen (s. S. 57), bei der Langstrang-Excision (s. S. 54), sowie am zweiten postreplikativen Reparaturprozeß der SOS-Reparatur. Wir werden dort Modelle über die Wirkungsweise dieser Genprodukte kennenlernen.

---

[1] Als Symbol für ein Gen werden in der Regel Abkürzungen aus 3 Buchstaben verwendet. In der Fachliteratur werden mit kleinen Buchstaben versehene Abkürzungen für mutierte Gene benutzt. Nicht mutierte Gene können durch Zusatz eines +-Zeichens oder durch große Buchstaben gekennzeichnet werden.

5.3.2 SOS-Reparatur

Die Prozesse der SOS-Reparatur sind wohl die komplexesten bisher bekannt gewordenen Reparaturprozesse. Diese Komplexität beruht nicht darauf, daß besonders viele Genprodukte für diesen Reparaturtyp notwendig sind, sondern darauf,
daß die Synthese einzelner Genprodukte spezifisch geregelt wird und die Konzentration der Genprodukte in der Zelle einen Einfluß auf die Synthese zahlreicher
weiterer Genprodukte der Zelle hat, die mit Reparaturprozessen in keinem direkten
Zusammenhang stehen.

SOS-Reparatur ist bei Bakterien abhängig von zwei Genen, die mit den Symbolen
REC A und LEX A bezeichnet werden. Die Produkte der Gene, die wir als Rec A-
Protein und Lex A-Protein bezeichnen wollen, sind notwendig bei der Durchführung dieser Reparatur. Sie unterscheidet sich von der Rekombinations-Reparatur
dadurch, daß die nach der DNS-Replikation in den Tochtersträngen auftretenden
Stranglücken nicht durch Strangaustausch, sondern durch Neusynthese der fehlenden Teilstränge beseitigt werden. Sie hat also Ähnlichkeit mit der Langstrang-
Nucleotid-Excision, erfolgt aber im Unterschied zu dieser erst nach der Replikation
(vgl. S. 54).

Viele Untersuchungen haben erbracht, daß die Synthese des RecA-Proteins in der
Zelle nicht stets mit konstanter Rate erfolgt, sondern durch das Auftreten spezifi-
scher Auslöser verstärkt wird. Die molekulare Natur der Auslöser ist bis heute noch
nicht eindeutig geklärt worden. Offensichtlich können Strahlenschäden solche spezifischen Auslöser entweder selbst darstellen oder produzieren. Das ergibt sich aus
folgenden Versuchsergebnissen bei Bakterien:

Werden Bakterienzellen mit einer kleinen Strahlendosis vorbestrahlt und nach kurzer Zeit ein zweites Mal bestrahlt, so überleben sie die zweite Strahlendosis mit
größerer Wahrscheinlichkeit als Zellen, die nicht vorbestrahlt wurden. Durch die
Vorbestrahlung wird nachweislich die Bildung von RecA-Protein induziert. Dadurch können die durch die zweite Strahlendosis verursachten Schäden besser repariert werden. Setzt man die Zellen zwischen Vor- und Nachbestrahlung einem die
Proteinsynthese hemmenden Antibiotikum, z.B. Chloramphenicol, aus, so wird
kein RecA-Protein gebildet und Vorbestrahlung hat keinen Einfluß auf die Überlebenswahrscheinlichkeit nach der zweiten Bestrahlung. Dieses Versuchsergebnis be-
weist, daß tatsächlich die Bildung von RecA-Protein durch Bestrahlung induziert
werden kann, und daß eine Zunahme der zellulären Konzentration dieses Proteins
bessere Reparaturmöglichkeiten ergibt.

Besonders auffallend ist, daß sich die Regulation der RecA-Protein-Synthese außer
auf die Überlebenswahrscheinlichkeit auch auf die Regulation einer Reihe anderer
Zelleigenschaften gleichzeitig auswirkt. Hierzu gehören u.a.:

- die Bildung langer Zellfilamente, hervorgerufen durch eine Blockierung der Zellwandbildung bei fortlaufendem Zellwachstum,

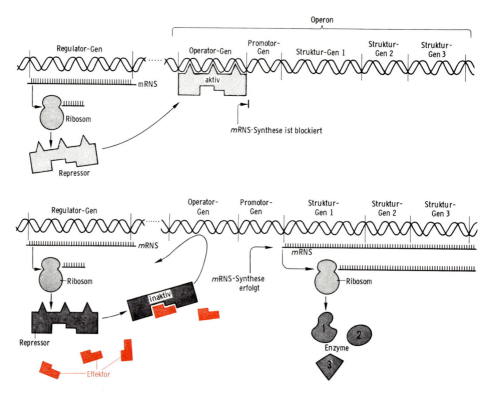

Abb. 34   Regulation der Informationsabgabe von Genen durch ein Repressor-Protein. Einzelheiten im Text. (Aus: W. Laskowski u. W. Pohlit: Biophysik, Thieme, Stuttgart 1974)

– die Induktion der Bacteriophagenbildung in Bakterienzellen, die einen Prophagen enthalten,
– die Bildung zahlreicher Mutationen.

Modelle, die den Ablauf der SOS-Reparatur zu erklären versuchen, müssen daher auch die Auswirkungen der Regulation der RecA-Protein-Synthese auf diese Prozesse einbeziehen.

Um Modelle zur Interpretation dieser Befunde verstehen zu können, ist es notwendig, eine generelle Vorstellung über die Regulation der Informationsabgabe von Genen zu haben. Eine Analyse derartiger Regulationsvorgänge wurde besonders intensiv bei Bakterien vorangetrieben. Durch zahlreiche genetische und biochemische Versuche wurde dabei ein Modell, nach seinen Entdeckern das Jacob-Monod-Modell genannt, immer wieder bestätigt (s. Abb. 34).

Die Abgabe der Informationen aus Genen erfolgt durch eine Umschreibung dieser Informationen in Ribonucleinsäuremoleküle (RNS). Da diese RNS eine Botschaft von der DNS in den Zelleib überträgt, wird sie Botschafter-RNS oder messenger-RNS (mRNS) genannt (vgl. S. 28). Entsprechend der Nucleotidsequenz des informationshaltigen DNS-Stranges (des codogenen Stranges der DNS) wird eine mRNS mit komplementären Basen synthetisiert. Dieser Prozeß wird als „Transkription" bezeichnet. Die Basenfolge der mRNS wird dann im Zelleib an den Ribosomen in eine Folge von Aminosäuren übersetzt (Translation).

Erfolgt keine Regulation der Informationsabgabe eines bestimmten Gens, so läuft die Transkription dieses Gens mit konstanter Rate ab. D.h. eine mRNS-Polymerase startet in konstanten Abständen an einer Startstelle (Promotor) des codogenen Stranges, gleitet diesen entlang und synthetisiert dabei die mRNS. Bei Genen, deren Informationsabgabe reguliert werden kann, existiert noch ein besonderer DNS-Abschnitt, „Operator" genannt. An diesen Operator können sich unter bestimmten Bedingungen spezifische Proteine (Repressoren) anlagern und dadurch die Transkription von einem oder mehreren benachbarten Genen blockieren. Die Transkription eines Gens wird also geregelt durch spezifische Repressor-Proteine, deren Aminosäuresequenz in spezifischen Regulator-Genen niedergelegt ist.

Die Repressor-Proteine haben zwei Erkennungsbereiche. Mit dem Bereich A erkennen sie den Operator eines bestimmten Gens, mit dem Bereich B können sie mit Signal-Molekülen reagieren, die unter bestimmten Bedingungen in der Zelle vorhanden sind. Solche Signal-Moleküle werden „Effektoren" genannt. Hat ein Repressor mit einem Effektor einen Komplex gebildet, so bewirkt das eine Umgestaltung des Erkennungsbereichs A. Er kann nun nicht mehr den Operator erkennen. Transkription kann erfolgen. Es ist also die An- oder Abwesenheit bestimmter Effektoren, die die Transkription regelt.

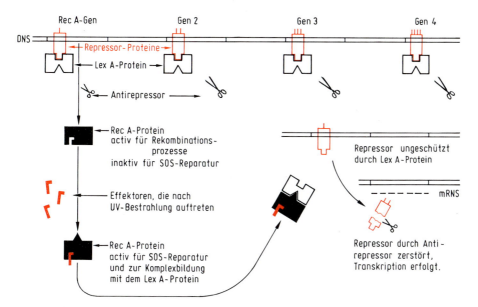

Abb. 35 Modell zur Erklärung der mit der SOS-Reparatur verbundenen Regulationsprozesse. Einzelheiten im Text. (Nach Witkin, 1976)

Versuchen wir nun, die im Zusammenhang mit der SOS-Reparatur gemachten Beobachtungen mit Hilfe des Jacob-Monod-Modells zu deuten. Dabei ist vor allem Folgendes zu berücksichtigen:

SOS-Reparatur erfolgt nur, wenn RecA- und LexA-Proteine gebildet werden können.
Welche Rolle oder Rollen spielt das RecA-Protein in der Zelle?
Welche Rolle kommt dem LexA-Protein in der Zelle zu?
Die Bildung des RecA-Proteins unterliegt einer Regelung.
Welcher Effektor steuert diese Regelung?
Gemeinsam mit dem REC A-Gen wird die Transkription mehrerer nicht dicht beieinanderliegender Gene geregelt, die u. a. verantwortlich für die Blockierung der Zellwandbildung oder die Induktion der Bacteriophagenbildung sind. Wie wird das erreicht?

Ein mögliches, hypothetisches Modell wurde von E. Witkin 1976 vorgeschlagen und ist in Abb. 35 skizziert. Z.Zt. sind viele Einzelheiten noch ungeklärt. Da aber ein derartiges Modell zum Verständnis gemeinsamer Regulationsprozesse bei mehreren nicht dicht nebeneinander liegenden Genen sehr interessant ist, sei es hier etwas ausführlicher erörtert. Betont sei in diesem Zusammenhang, daß das An- und Abschalten mehrerer Gene für jeden Entwicklungsprozeß vielzelliger Lebewesen eine unerläßliche Voraussetzung ist.

Die in den letzten Jahren gelungene biochemische Identifizierung des RecA-Proteins hat die Modellbildung sehr gefördert.[1] Das RecA-Protein hat ein Molekulargewicht von etwa 40000 und eine Protease-Funktion, kann also Eiweißmoleküle abbauen. Vieles spricht dafür, daß das LexA-Protein durch das RecA-Protein abgebaut werden kann, nachdem das RecA-Protein einen Komplex mit einem noch nicht identifizierten Effektor eingegangen ist.

Da die Synthese von RecA-Protein stets dann zunimmt, wenn die DNS-Synthese blockiert ist, werden z.B. sich ansammelnde Bausteine der DNS (z.B. Nucleosidmonophosphate oder Nucleosidtriphosphate) als mögliche Effektoren angesehen. Reagiert ein solcher Effektor mit dem RecA-Protein, so würde dieses dadurch aktiviert, das LexA-Protein abzubauen.

Folgende wesentliche Annahmen zur Erklärung zahlreicher experimenteller Ergebnisse, die hier nicht aufgeführt werden können, kennzeichnen das Modell:

1. Alle die SOS-Reparatur begleitenden Stoffwechselprozesse (z.B. Blockierung der Zellwandbildung, Phageninduktion) werden durch spezifische Gene gesteuert, deren Transkription durch jeweils spezifische Repressoren kontrolliert wird.

---

[1] Das RecA-Protein wurde in der Literatur bis 1977 als Protein X bezeichnet, da die Identität dieses Proteins mit dem RecA-Genprodukt erst dann aufgeklärt werden konnte.

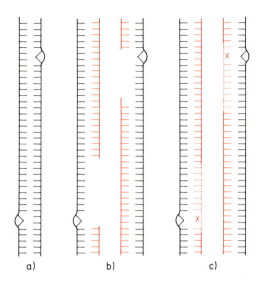

Abb. 36   Schematische Darstellung der SOS-Reparatur. a) In der DNS treten Schäden (z.B. Dimere) auf, die nicht praereplikativ entfernt werden. b) Bei der Replikation treten gegenüber den Schadenstellen längere Stranglücken auf. c) Die Stranglücken werden durch Neusynthese geschlossen, wobei gegenüber den Schadenstellen andere als die ursprünglich vorhanden gewesenen Basen eingebaut werden können (fehlerhafte Reparatur).

2. Das LexA-Protein kann mit diesen Repressoren, wenn sie an ihren jeweiligen Operator gebunden sind, einen Komplex bilden und sie dadurch vor in der Zelle anwesenden Proteasen (Antirepressoren) schützen.

3. Die Antirepressoren spalten die Repressoren, wenn diese nicht durch das LexA-Protein geschützt sind und bewirken damit die Transkription der verschiedenen Gene.

4. Das in unbestrahlten Zellen nur in geringer Anzahl gebildete RecA-Protein kann mit dem LexA-Protein keinen Komplex bilden, ist also in dieser Hinsicht inaktiv. Es ist aber aktiv bei der Katalyse von Rekombinationsprozessen, die auch in unbestrahlten Zellen ablaufen.

5. Treten nach Bestrahlung spezifische Effektoren auf (möglicherweise zahlreiche Nucleosidtriphosphate als Folge einer Hemmung der DNS-Synthese), so wird das RecA-Protein befähigt, einen Komplex mit dem LexA-Protein zu bilden.

6. Durch die RecA-LexA Komplexbildung werden die verschiedenen Repressoren freigesetzt und damit der Wirkung der Antirepressoren ausgesetzt. Diese spalten die Repressoren und ermöglichen damit die Transkription der verschiedenen Gene, darunter auch des REC A-Gens.

7. Das nun in größerer Menge gebildete RecA-Protein ist Voraussetzung für die fehlerhafte Reparatur der Strahlenschäden, d.h. die Auffüllung der nach der Replikation aufgetretenen Lücken in den Tochtersträngen gegenüber Schadenstellen (s. Abb. 36).

Ungeklärt ist noch, auf welche Weise das in größerer Menge vorliegende RecA-Protein die fehlerhafte Reparatur von Strahlenschäden bewirkt. Wenn das RecA-Protein z. B. die Korrekturfähigkeit der Polymerase, also ihre $3' \rightarrow 5'$ Exonuclease-funktion, unterbindet, würde die Polymerase vor allem gegenüber der Schadenstelle im Elternstrang falsche Basen einbauen und unkorrigiert im Tochterstrang belassen (vgl. hierzu S. 52). Das Ergebnis wäre eine fehlerhafte Reparatur.

Dieses Modell ist z. Zt. noch hypothetisch. Manche Modifizierungen werden sicherlich notwendig werden. Dennoch gestattet es eine Vorstellung von Mechanismen zu gewinnen, die zur Regelung verschiedenartiger Stoffwechselvorgänge in Zellen ausgebildet sein könnten. Derartige Regulationszusammenhänge waren bisher nicht bekannt.

Die im Jacob-Monod-Modell ablaufende Regelungen beziehen sich entweder auf mehrere an einen Operator gekoppelte Gene (Operon) oder auf nicht gekoppelte Gene, deren Produkte jedoch alle an einem Stoffwechselprozeß beteiligt sind (Regulon). Hier haben wir einen Fall kennengelernt, in dem die gleichzeitige Regelung der Informationsabgabe einer Reihe von Genen, deren Produkte in verschiedenartigen Stoffwechselprozessen mitwirken, durchgeführt wird. Das An- und Abstellen von Informationsflüssen verschiedenartiger Gene spielt zweifellos eine große Rolle bei den Entwicklungsprozessen vielzelliger Organismen, die dazu führen, daß z.B. aus einer befruchteten Eizelle ein Mensch wird. Wir haben am Beispiel der SOS-Reparatur eine Vorstellung davon bekommen, wie solche Regelprozesse in der Zelle ablaufen könnten.

Abschließend sei der Leser noch einmal auf Kapitel 5.2.2.2 hingewiesen. Bei der Schilderung der Langstrang-Nucleotid-Excision war u.a. auf die Mitwirkung des RecA- sowie des LexA-Proteins hingewiesen worden. Wir ersehen daraus, wie vielfältig die Wirkungen verschiedener Proteine bei prae- und postreplikativen Reparaturprozessen sein können, wie vernetzt also das Wegesystem der Reparationsprozesse ist.

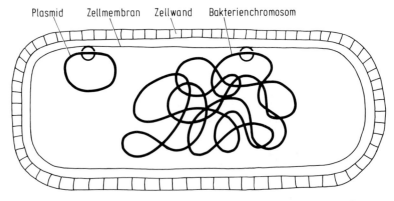

Abb. 37   Bakterienzelle mit DNS als „Bakterienchromosom" und als Plasmid (etwa 10% der Länge des „Bakterienchromosoms"). (Nach Pühler, 1975)

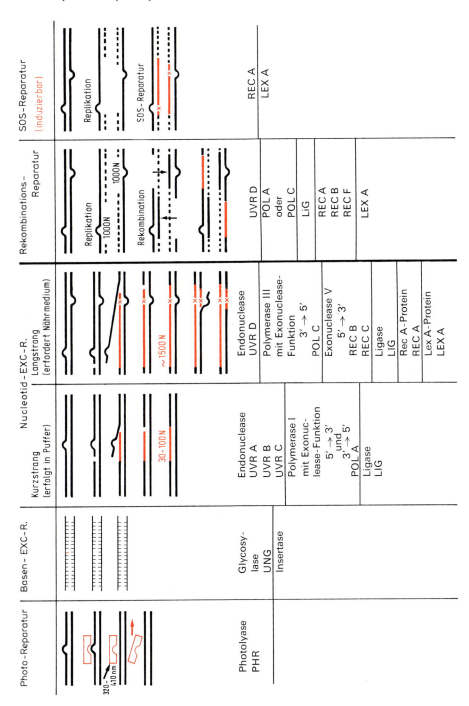

Abb. 38 Zusammenfassung der prae- und postreplikativen Reparaturmechanismen unter Aufführung beteiligter Enzyme und der zugehörigen Gene bei Bakterien. Einzelheiten im Text.

5.3.3 Plasmid-abhängige Reparatur

Abschließend sei ein letzter Reparaturweg erwähnt, der wohl nur in Bakterienzellen realisiert ist. Die Gene für die hierzu notwendigen Proteine sind nicht im Bakterien-Chromosom, sondern auf zusätzlichen, im Zelleib vorhandenen DNS-Molekülen untergebracht. Das Vorhandensein zusätzlicher DNS-Moleküle in Bakterienzellen ist seit längerem bekannt (s. Abb. 37). Sie werden Plasmide genannt. Auf Plasmiden sind z. B. Gene für die Antibiotika-Resistenz oder für die sexuelle Differenzierung der Bakterienzelle untergebracht. Plasmide lassen sich isolieren und in Zellen einschleusen.

In jüngster Zeit sind Plasmide bekannt geworden, deren Vorhandensein in der Zelle eine fehlerhafte Reparatur von UV-Schäden im Bakterien-Chromosom verursacht. Voraussetzung ist, daß in der Bakterienzelle auch ein funktionsfähiges RecA-Protein vorhanden ist. Dennoch werden bei einer Plasmid-gesteuerten fehlerhaften Reparatur nicht stets die anderen Stoffwechselprozesse (u. a. Filamentbildung, Phageninduktion, Induktion der Bildung von RecA-Protein) zusätzlich induziert, wie bei der SOS-Reparatur.

Der Wirkungsmechanismus der Plasmid-Reparatur ist noch unbekannt. Sicherlich ist er nicht identisch mit der SOS-Reparatur. Möglicherweise ist auf dem Plasmid die Information für eine Polymerase ohne $3' \rightarrow 5'$ Exonucleasefunktion oder für ein Protein, das die zum Korrigieren notwendige $3' \rightarrow 5'$ Exonucleasefunktion der zellulären Polymerasen I, II oder III hemmt, vorhanden.

Damit haben wir die zusammenfassende Darstellung der heutigen Kenntnisse über zelluläre Reparaturprozesse beendet. Abb. 38 vermittelt einen Überblick über die ablaufenden Prozesse, sowie die beteiligten Gene und Enzyme. Im folgenden Kapitel soll erörtert werden, welche dieser Reparaturprozesse beim Menschen bisher bekannt geworden sind, und welche Konsequenzen sich aus dem Ausfall bestimmter Reparaturprozesse ergeben.

Literaturhinweise

Brash, D. E. u. R. W. Hart: DNA damage and repair in vivo. J. Environmental Pathology and Toxicology, 2 79, 1978

Errera, M..: Role of DNA repair in mutagenesis and carcinogenesis. Front. Matrix Biol. Bd. 4, 172, Basel 1977

Hanawalt, P. C., E. C. Friedberg, C. F. Fox (Herausgeber): DNA repair mechanisms. (ICN – UCLA Symposia on Molecular and Cellular Biology, Vol IX) New York, San Francisco, London 1978

Harm, W.: Biological effects of UV-irradiation. Cambridge 1980

Hart, R. W. und R. B. Setlow, in: Molecular mechanisms for repair of DNA, Part B. Herausgeber: P. C. Hanawalt und R. B. Setlow, New York 1975

Kiefer, J. (Herausgeber): Radiation and cellular control processes. Berlin, Heidelberg, New York 1976

Kornberg, A.: DNA replication. San Francisco 1980

Lett. J. T., H. Adler: Advances in radiation biology. New York 1979

Smith, K. C.: Multiple pathways of DNA repair in bacteria and their role in mutagenesis. Photochem. Photobiol. 28, 121, 1978

Witkin, E.: Ultraviolet mutagenesis and inducible DNA repair in Escherichia coli. Bacterial Reviews 40, 869, 1976

6 Reparaturdefekte beim Menschen

Defekte im Reparaturvermögen menschlicher Zellen wurden erstmalig 1968 bei der Erbkrankheit *Xeroderma pigmentosum* entdeckt. Seitdem sind Reparaturprozesse auch beim Menschen intensiv untersucht worden. Die inzwischen erzielten Fortschritte im Verständnis dieser Prozesse und ihre Bedeutung für den menschlichen Körper wäre ohne die molekularbiologischen Grundlagenforschungen an Bakterien und anderen Einzellern nicht möglich gewesen. Wir lernen daher hier ein deutliches Beispiel für die erfolgreiche Anwendung von Erkenntnissen der Grundlagenforschung für das Verständnis klinischer Manifestationen menschlicher Krankheiten kennen. Neben der *Xeroderma pigmentosum* gibt es noch andere Erbkrankheiten, die offensichtlich mit Reparaturdefekten im Zusammenhang stehen. Hierzu gehören: *Ataxia telangiectasia* (Louis-Bar's Syndrom), Fanconi's Anämie und Cockayne's Syndrom.

6.1 Xeroderma pigmentosum

Xeroderma pigmentosum ist eine rezessive Erbkrankheit, d.h. eine mutierte Erbanlage (Gen) muß reinerbig (homozygot) vorliegen, damit die Krankheit manifest wird. Mischerbige (heterozygote) Individuen zeigen das Krankheitsbild nicht. Alle *Xeroderma pigmentosum*-Patienten sind durch eine Überempfindlichkeit der Haut gegenüber Sonnenlicht gekennzeichnet. Die Haut ist trocken, atrophisch und deutlich pigmentiert an den dem Sonnenlicht ausgesetzten Stellen (Abb. 39). Bei den meisten Patienten entwickeln sich zunächst prämaligne, warzenartige Gebilde, die dann zu bösartigen Geschwülsten werden. Dieses Erscheinungsbild wird in der

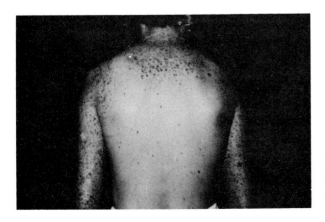

Abb. 39
Xeroderma pigmentosum-Patient. (Aufnahme: Department of Dermatology, Erasmus Universität, Rotterdam)

Regel begleitet von neurologischen Defekten unterschiedlichen Ausmaßes. Die schwersten neurologischen Schäden sind als De Sanctis Cacchione Syndrom bekannt geworden. Bei anderen Patienten treten neurologische Abnormalitäten in reduziertem Ausmaß auf. Einige Patienten scheinen keine neurologischen Defekte zu haben. Mit zunehmendem Alter sind aber in vielen Fällen zunehmende neurologische Schäden festzustellen. Die Erbkrankheit *Xeroderma pigmentosum* ist also ein komplexes Syndrom.

Im Hinblick auf das Reparaturvermögen können Patienten mit *Xeroderma pigmentosum* zwei Gruppen zugeordnet werden:
Patienten, in deren Zellen die Excision-Reparatur UV-induzierter DNS-Schäden geschädigt ist (XP),
Patienten, in deren Zellen normale Excision-Reparatur abläuft, bei denen aber postreplikative Reparaturprozesse gestört sind (XP-Varianten).

XP

Untersuchungen an Zellkulturen verschiedener XP-Patienten haben gezeigt, daß die Excision-Reparatur durch Mutation verschiedener Gene blockiert werden kann. Diese Erkenntnisse wurden mit Hilfe der Zellfusions-Technik erreicht. Dazu werden Hautfibroblasten verschiedenen XP-Patienten entnommen, in Nährlösung vermehrt und zur Verschmelzung gebracht. Durch die Zellfusion entstehen mehrkernige Zellen (Heterokaryons), in denen der Ablauf von Reparaturprozessen nach Bestrahlung mit UV überprüft werden kann. Als Anzeichen für den Ablauf von Excision-Reparaturen wird dabei der Einbau von radioaktiv markiertem Thymidin (^{3}H-Thymidin) in DNS zu Zeiten, in denen normalerweise keine DNS-Synthese abläuft (unplanmäßige DNS-Synthese), gewertet.

Verschiedene Kombinationen von XP-Zellen zeigen nun im Heterokaryon die Fähigkeit zur Excision-Reparatur, während den Elternzellen diese Fähigkeit mangelt. Derartige Befunde weisen darauf hin, daß in den Elternzellen solcher Heterokaryons die Excision-Reparatur an unterschiedlichen Stellen, also infolge der Mutation unterschiedlicher Gene blockiert ist. Im Heterokaryon wirken sich die unterschiedlichen Defekte der Elternzellen nicht aus, da der Reparatur-Defekt einer Elternzelle durch die andere Elternzelle komplementiert wird. Diese hat ja diesen Reparatur-Defekt nicht, sondern einen anderen, den wiederum die erste Elternzelle nicht hat. Haben dagegen zwei Zellen, die ein Heterokaryon gebildet haben, einen gleichen Reparatur-Defekt, ist also ein gleiches Gen in beiden Zellen mutiert, so kann keine Komplementierung im Heterokaryon erfolgen, und es erfolgt keine Excision-Reparatur.

Durch diese Zellfusions-Technik und Kontrolle der unplanmäßigen DNS-Synthese nach UV-Bestrahlung sind bisher 7 sich komplementierende XP-Zellinien (A, B, C, D, E, F, G) festgestellt worden. Es sind damit also bisher 7 Gene, die Informationen für die Excision-Reparatur beim Menschen enthalten, nachgewiesen worden.

Die einzelnen Schritte der Excision-Reparatur haben wir in Kapitel 5.2.2 kennengelernt. Es stellt sich nun die Frage, welche Prozesse dieses Reparaturvorgangs bei XP-Patienten ausgefallen sind. Molekularbiologische Untersuchungen sind bisher an XP-Zellkulturen der Gruppen A, B, C und D durchgeführt worden und haben gezeigt, daß stets der erste Reparaturschritt, die Zerschneidung eines DNS-Stranges in der Nähe eines Pyrimidindimers, blockiert ist. Man könnte daraus schließen, daß die Funktion der $\widehat{P}P$-Endonuclease in XP-Zellen beeinträchtigt ist. Wie wir gleich sehen werden, geht dieser Schluß aber von zu einfachen Voraussetzungen aus. Läßt man nämlich Extrakte von XP-Zellen (durchgeführt bei den Gruppen A, C oder D) auf UV-bestrahlte Bakterien-DNS einwirken, so werden die DNS-Stränge in der Nähe von Pyrimidindimeren zerschnitten und die Dimere im gleichen Ausmaß entfernt wie nach Zusatz von Extrakten normaler menschlicher Zellen. An UV-bestrahlter Bakterien-DNS können also XP-Zellextrakte Excision-Reparatur durchführen, obwohl in den XP-Zellen diese Reparatur blockiert ist.

Eine Erklärung für diesen scheinbaren Widerspruch erbrachten Versuche, in denen XP-Zellextrakte oder Zellextrakte normaler Zellen UV-bestrahltem Chromatin aus XP-Zellen zugesetzt wurden. Es zeigte sich, daß eine Entfernung von Pyrimidindimeren nicht erfolgte, wenn XP-Zellextrakte zugesetzt worden sind. Nur bei Zusatz von Zellextrakt normaler Zellen erfolgte eine Entfernung von Pyrimidindimeren. Daraus ergibt sich, daß die Extrakte von XP-Zellen Enzyme enthalten, die zwar aus nackter DNS, wie sie in Bakterien vorliegt, Pyrimidin-Dimere entfernen können, aber nicht aus einer DNS, die mit Proteinen komplexiert ist, wie im Chromatin der menschlichen Zellen. Offensichtlich sind zusätzlich zu den bei der Excision-Reparatur beteiligten Enzymen noch ein oder mehrere Faktoren (XP-Faktoren) notwendig, um DNS, umgeben von Proteinen im Chromosom, reparieren zu können. Diese XP-Faktoren mögen mit $\widehat{P}P$-Endonucleasen zusammenwirken und in XP-Zellen defekt sein. Bisher sind diese Faktoren aber noch nicht biochemisch charakterisiert worden. Auf alle Fälle zeigen diese Untersuchungen aber, daß in Eukaryonten-Zellen infolge der komplexen Chromosomenstruktur mehr Faktoren für die Excision-Reparatur notwendig sind als in Prokaryonten[1].

Neben Funktionsstörungen der $\widehat{P}P$-Endonuclease sind Störungen bei zwei weiteren Reparaturschritten bei XP-Patienten nachgewiesen worden. In den Gruppen A und D wurde eine Blockierung der AP-Endonuclease (vergl. S. 49) und bei den Gruppen A, B, C, D und E eine mehr oder weniger ausgeprägte Hemmung der Photoreaktivierung (s. Tab. 7) festgestellt.

Die Defekte im Reparatursystem von XP-Zellen manifestieren sich auch deutlich,

---

[1] Prokaryonten sind durch relativ einfache Zellstrukturen ausgezeichnet, sie besitzen keinen abgegrenzten Zellkern, ihr Chromosom besteht aus nackter DNS. Hierzu gehören Bakterien und Blaualgen. Eukaryonten haben komplexere Zellstrukturen, u.a. einen durch eine Membran abgeschlossenen Zellkern mit Chromosomen, in denen DNS von Proteinen umlagert ist (Chromatin). Hierzu gehören außer Bakterien und Blaualgen alle übrigen Lebewesen.

Tabelle 7
Reparaturausfälle bei verschiedenen Zellinien von *Xeroderma pigmentosum*-Patienten

Zellinie	% Excision-Reparatur	Postreplikative Reparatur	% Photo-reaktivierung
A	< 2	teilweise defekt	36
B	~ 5	teilweise defekt	0
C	10–26	teilweise defekt	16
D	25–50	teilweise defekt	8
E	> 60	normal	~ 50
F	10	noch nicht	bestimmt
G	noch	nicht	bestimmt
Varianten	100	defekt	< 20

wenn man Zellkulturen bestrahlt und dann die verbleibende Koloniebildungsfähigkeit als Nachweis der Zellteilungsfähigkeit überprüft (s. S. 12). Gegenüber UV-Licht sind XP-Zellen deutlich empfindlicher als normale Zellen. Nach UV-Bestrahlung treten in XP-Zellen auch deutlich mehr Chromosomenbrüche und Mutationen als in normalen Zellen auf. Nach Bestrahlung mit ionisierenden Strahlen treten dagegen keine Unterschiede in der Strahlenempfindlichkeit auf. Das ist verständlich, da wir bereits wissen, daß in XP-Zellen die Endonuclease-Funktion gestört ist, also Strangbrüche als erster Reparaturschritt nicht hergestellt werden können. Ionisierende Strahlen erzeugen im Gegensatz zu UV Strangbrüche. Für die Reparatur von Schäden, die durch ionisierende Strahlen hervorgerufen werden, ist also eine Endonuclease-Funktion entbehrlich.

Das Ausmaß der UV-Sensibilität des Teilungsvermögens von Fibroblasten ist korreliert mit dem Ausmaß neurologischer Defekte. Relativ wenig UV-empfindliche Zellinien entstammen stets XP-Patienten mit geringen oder gar keinen neurologischen Defekten. Die UV-empfindlichsten Zellen kommen bei Patienten mit den schwersten neurologischen Schäden (in Gruppe A und D) vor. Da gerade in diesen Zellinien auch eine Störung der AP-Endonuclease-Funktion nachgewiesen wurde, könnte ein kausaler Zusammenhang zwischen einer Blockierung der Reparatur spontan auftretender „apurinic sites" in den Nervenzellen und neurologischen Defekten bestehen. Es erscheint möglich, daß Nervenzellen, die nicht in der Lage sind, spontan aufgetretene apurinic sites in der DNS zu reparieren, dadurch Funktionsstörungen erleiden, die als neurologische Schäden manifest werden. Klinische Studien und Autopsien haben gezeigt, daß bei XP-Patienten mit neurologischen Schäden Nervenzellen vorzeitig absterben.

XP-Varianten

Bei XP-Varianten sind bisher noch keine Komplementierungen zwischen verschiedenen Zellinien festgestellt worden. Das bedeutet, daß alle bisher untersuchten XP-Varianten den gleichen Defekt in einem postreplikativen Reparaturprozeß aufweisen, also nur ein Gen mutiert ist.

Über die molekularen Grundlagen der Reparatur-Defekte bei XP-Varianten ist wenig bekannt. Excision-Reparatur von Pyrimidindimeren erfolgt in diesen Zellen. Bleiben Pyrimidindimere jedoch bis zur nächsten DNS-Replikation erhalten, so treten im neu synthetisierten Tochterstrang Stranglücken gegenüber den Pyrimidindimeren auf (vgl. S. 60). Diese Stranglücken werden in normalen Zellen schnell geschlossen, bleiben bei XP-Varianten aber lange erhalten.

Die UV-Empfindlichkeit von XP-Varianten gleicht praktisch der normaler Zellen. Für die Zellteilungsfähigkeit ist also die Blockierung der postreplikativen Reparatur bei diesen Zellen nicht ausschlaggebend. Zellen von XP-Varianten zeigen aber in gleicher Weise wie XP-Zellen eine Zunahme UV-induzierbarer Mutationen verglichen mit normalen Zellen. Diese Zunahme der Mutationsrate nach UV-Bestrahlung könnte der Grund für die sowohl bei XP-Patienten als bei XP-Varianten mit großer Häufigkeit auftretende Tumorbildung sein.

6.2 Ataxia telangiectasia

Ataxia telangiectasia (AT) ist eine seltene, rezessive Erbkrankheit von komplexem Erscheinungsbild. Abnormale Immunreaktionen, neurologische Defekte, Entstehung bösartiger Geschwülste, gestörte Leberfunktionen und sterile Gonaden gehören zu dem Krankheitsbild. 1975 wurde außerdem eine außerordentliche Empfindlichkeit von strahlentherapeutisch behandelten AT-Patienten festgestellt. Sie können durch therapeutische Strahlendosen ihr Leben verlieren. Durch diese klinische Beobachtung wurden strahlenbiologische Untersuchungen an AT-Zellkulturen veranlaßt, die zeigten, daß Reparaturprozesse an durch ionisierende Strahlen geschädigter DNS in AT-Zellen gestört sind. Gegenüber UV zeigen AT-Zellen die gleiche Empfindlichkeit wie normale Zellen. Kultivierte AT-Zellen zeigen auch unbestrahlt eine erhöhte Anzahl von Chromosomenbrüchen im Vergleich mit normalen Zellen.

Ähnlich wie im Falle der *Xeroderma pigmentosum* werden auch Zellen verschiedener AT-Patienten miteinander verschmolzen (vgl. S. 70), um Komplementierungen der Reparaturdefekte im Heterokaryon feststellen zu können. Drei einander komplementierende Gruppen (A, B und AT-Varianten) konnten bisher festgestellt werden.

In AT-Zellen der Gruppen A und B erfolgt eine Excision-Reparatur von Basendefekten, die durch ionisierende Strahlen ausgelöst wurden, nur in reduziertem Ausmaß. Diese Zellen sind auch nicht in der Lage, DNS-Protein-Vernetzungen zu beseitigen. Dagegen können Einzelstrang- und Doppelstrangbrüche wie bei normalen Zellen beseitigt werden. Auch postreplikative Reparaturprozesse konnten in AT-Zellen nachgewiesen werden. Die bisher vorliegenden Ergebnisse lassen vermuten, daß in AT-Zellen eine oder mehrere Endonucleasen blockiert sind, die zur Einleitung der Excision-Reparatur notwendig sind.

Heterozygote AT-Zellen haben eine Röntgenstrahlensensibilität, die zwischen der homozygoter AT-Zellen und normaler Zellen liegt. Bei Verwandten von AT-Patienten, also AT-heterozygoten Individuen, tritt Krebs mit wesentlich größerer Häufigkeit auf als bei Personen, die homozygot für die normalen Allele dieses Gens sind.

Als AT-Varianten werden in Analogie zu den XP-Varianten solche Zellinien bezeichnet, bei denen eine Excision-Reparatur abläuft. Welcher Reparaturprozeß bei AT-Varianten gestört ist, ist noch nicht bekannt.

Der Zusammenhang zwischen den klinischen Symptomen und den Reparaturdefekten bei AT-Patienten ist noch nicht aufgeklärt worden. Vermutet wird z.Zt., daß als Folge der Reparaturdefekte DNS-Schäden in Zellen sich differenzierender Gewebe erhalten bleiben und die Abnormalitäten in den Funktionen von Leber, Gonade, Nerven und Immun-System hervorrufen.

6.3 Fanconi's Anämie

Auch diese Krankheit (FA) ist eine rezessive Erbkrankheit. Beim homozygoten Patienten treten u.a. Wachstumshemmungen, Hautpigmentierungen, Blutveränderungen auf. Häufig kommt es zur Ausbildung von Leukämie und bösartigen Geschwülsten. Das Krebsrisiko ist auch bei Verwandten von FA-Patienten erhöht, die vermutlich heterozygot für ein mutiertes FA-Gen sind. Ebenfalls wie in AT-Zellen findet man in bestimmten FA-Zellen eine erhöhte Instabilität der Chromosomen. Zellinien mit instabilen Chromosomen werden der FA-Gruppe A zugerechnet, während die FA-Gruppe B Chromosomen mit normaler Stabilität aufweist. Ob Komplementierungen zwischen Zellen der Gruppe A und B auftreten, wurde noch nicht geprüft. Die klinischen Merkmale von FA-Patienten der Gruppe B sind weniger ausgeprägt als die der Gruppe A.

FA-Fibroblasten haben in Bezug auf das Koloniebildungsvermögen dieselbe Empfindlichkeit gegenüber ionisierenden Strahlen (γ-Strahlen) wie normale Zellen. Sie können Röntgen- oder γ-Strahlen-induzierte Strangbrüche wieder reparieren. Gegenüber UV sind manche FA-Zellinien etwas empfindlicher als normale Zellen. Gegenüber bifunktionellen Agentien, wie z.B. Mitomycin C, oder photodynamischen Effekten von nahem UV und 8 − Methoxypsoralen sind AT-Zellen deutlich empfindlicher als normale Zellen. Das weist darauf hin, daß in FA-Zellen die Reparatur von Interstrang-DNS-Brücken behindert ist. Dieser Reparaturweg verläuft in normalen sowie auch in XP-Zellen der Gruppe A ungestört. Dieser Reparaturblock könnte auch für die Zunahme der beobachteten Chromosomenaberrationen in FA-Zellen verantwortlich sein.

6.4 Cockayne's Syndrom

Wie die vorher erwähnten Erbkrankheiten ist das Cockayne Syndrom (CS) ein komplexes rezessives Erbleiden. Zu den Merkmalen dieser Krankheit gehören: Zwergwuchs, Störungen der Retina, Taubheit, neurologische Defekte, Mikrocephalie und eine Überempfindlichkeit der Haut gegenüber Sonnenlicht.

CS-Fibroblasten sind UV-empfindlicher aber nicht Röntgenstrahlen-empfindlicher als normale Zellen. Die Excision-Reparatur UV-induzierter Pyrimidindimere erfolgt wie in normalen Zellen. Ebenfalls konnte der ungestörte Ablauf postreplikativer Reparaturprozesse wahrscheinlich gemacht werden. Der molekulare Reparaturdefekt ist also noch unerkannt.

Fibroblasten von heterozygoten Eltern von CS-Patienten, zeigten eine intermediäre UV-Empfindlichkeit, obwohl die Eltern keine Krankheitssymptome aufwiesen. Heterozygote CS-Zellen verhalten sich damit ähnlich wie heterozygote AT-Zellen, also anders als heterozygote PX-Zellen, deren Strahlenempfindlichkeit der normaler Zellen gleicht.

6.5 Bloom's Syndrom

Bloom's Syndrom (BS) ist ein seltenes, rezessives Erbmerkmal mit einem komplexen Erscheinungsbild. Reduziertes Wachstum, gestörte Immunfunktionen, Sensibilität gegenüber Sonnenlicht und Veranlagung zur Bildung bösartiger Tumore gehören dazu. Das Zellteilungsvermögen kultivierter BS-Zellen ist UV-empfindlicher als das von normalen Zellen. Besonders auffällig ist bei BS-Zellkulturen das häufige Auftreten von Chromosomenaberrationen und Chromosomenstückaustausch (sister chromatid exchange, SCE).

Die anfängliche Vermutung, daß auch BS-Zellen durch defekte Reparaturmechanismen ausgezeichnet sind, konnte bisher allerdings nicht bestätigt werden. Sowohl praereplikative Excision-Reparatur als auch postreplikative Reparaturprozesse sind nach Bestrahlung mit UV oder ionisierenden Strahlen nachweisbar. Die Reparaturen erfolgen sogar intensiver als in normalen Zellen. Auf Grund dieser Ergebnisse wird z. Zt. angenommen, daß BS-Zellen endogen ein noch unbekanntes Agenz bilden, das die DNS schädigt und damit Chromosomenaberrationen und SCE hervorruft.

6.6 Allgemeine Bedeutung der Reparaturprozesse für den gesunden Menschen

Fassen wir nun noch einmal die heutigen Erkenntnisse über Reparaturdefekte beim Menschen kurz zusammen. *Xeroderma pigmentosum*, *Ataxia telangiectasia*, Fanconi's Anämie, Cockayne's-Syndrom und Bloom's Syndrom sind Erbkrankheiten mit rezessivem Erbgang. D. h. ein Gen, dessen Information verändert worden ist, das also mutiert ist, bewirkt einen Defekt in einem bestimmten Reparaturweg. Die komplexen klinischen Symptome wirken sich nur im homozygoten Zustand aus, wenn der menschliche Körper mit zwei solcher mutierten Gene versehen ist, also z. B. eins vom Vater und eins von der Mutter erhalten hat. Allen Krankheiten gemeinsam ist die Tatsache, daß im Vergleich mit Zellkulturen von gesunden Menschen das Zellteilungsvermögen von Zellkulturen dieser Patienten strahlenempfindlicher ist, entweder gegenüber UV (XP, FA, CS, BS), oder gegenüber ionisierenden Strahlen (AT). Allen Erkrankungen gemeinsam ist auch eine Instabilität der Chromosomenstruktur, die bei AT, FA, CS und BS bereits in unbestrahlten Zellkulturen auftritt, bei XP erst nach Bestrahlung.

Mit Ausnahme von BS konnten bei allen Erkrankungen Defekte in bestimmten zellulären Reparaturmechanismen nachgewiesen werden. Diese Defekte führen bei AT, FA und CS bereits in heterozygoten Zellen zu einer erhöhten Strahlenempfindlichkeit und zu einer erhöhten Tumorbildung bei heterozygoten Individuen.

Die Ursachen für die komplexen Symptome dieser Krankheitsbilder, von denen viele Gewebe (u. a. Zentralnervensystem, Leber, Gonaden, Haut) betroffen sind, waren bisher unbekannt. Man wußte nur, daß sie erblich waren, also durch Mutationen bestimmter Gene hervorgerufen werden. Erst die strahlenbiologischen Analysen haben den Nachweis erbracht, daß verschiedene in normalen Zellen ablaufende Reparaturmechanismen zur Beseitigung von DNS-Schäden bei diesen Erbkrankheiten Defekte aufweisen.

In vielen Untersuchungen wurde weiterhin gezeigt, daß bei allen diesen Patienten ebenfalls die Reparatur vieler chemisch induzierbarer DNS-Schäden blockiert ist. Die Annahme erscheint daher nicht unberechtigt, daß viele bereits während der Embryogenese und im weiteren Leben auftretende DNS-Schäden in Zellen der verschiedensten Gewebe bei diesen Kranken nicht repariert werden können. Unreparierte Gen-Schäden führen dazu, daß falsche Informationen erhalten bleiben, und falsche Proteine gebildet werden, die die normalen, für einen gesunden Körper notwendigen Funktionen nicht ausüben können. Damit wäre die Komplexität dieser Krankheiten verständlich. Es bleibt weiteren Untersuchungen, die an zahlreichen Stellen z. Zt. durchgeführt werden, überlassen, diese noch weitgehend hypothetische Erklärung zu bestätigen oder zu widerlegen.

Literaturhinweise

Hanawalt, P.C., E.C. Friedberg, C.F. Fox (Herausgeber): DNA repair mechanisms. (ICN – UCLA Symposia on Molecular and Cellular Biology, Vol. IX) New York, San Francisco, London 1978

Hart, R.W., K.Y. Hall und F.B. Daniel: DNA repair and mutagenesis in mammalian cells. Photoschem. Photobiol. 28, 131, 1978

Paterson, M.C.: Environmental carcinogenesis and imperfect repair of damaged DNA in Homo sapiens.: Causal relation revealed by rare hereditary disorders. In: Carcinogens: Identification and Mechanisms of Action. Herausgeber A.C. Griffin und Ch.R. Shaw, New York 1979

7 Strahlentherapie und Reparatur

Die Erkenntnisse über in den Zellen ablaufende Reparaturprozesse sind natürlich auch von Bedeutung für strahlentherapeutische Maßnahmen. Der Strahlentherapeut will eine Abtötung bösartiger Zellen bei möglicher Schonung der Zellen gesunder Gewebe erreichen. Er wird sich also fragen: Welche Behandlungsmethoden sind durchzuführen, um Reparaturprozesse im bestrahlten gesunden Gewebe möglichst effektiv wirksam werden zu lassen und in bösartigen Zellen deren Effektivität einzuschränken oder gar auszuschalten.

7.1 Über die Strahlenempfindlichkeit von Tumorzellen und Zellen des gesunden Umgebungsgewebes

Die Abtötung von Zellen, genauer die Inaktivierung ihrer Vermehrungsfähigkeit, in Abhängigkeit von der Strahlendosis kann in Form von „Dosiseffektkurven" anschaulich dargestellt werden (s. Abb. 40). Für eine kritische Beurteilung dieser Kurven hat es sich bewährt, ein halblogarithmisches Raster zu verwenden. Die Überlebensrate wird dabei in logarithmischem Maßstab, die Strahlendosis linear aufgetragen. Bei Verwendung eines solchen Rasters tritt ein linearer Kurvenverlauf auf, wenn der biologische Effekt, z.B. die Inaktivierung des Zellteilungsvermögens, durch ein Ereignis, wie z.B. die Veränderung eines Nucleinsäurebestandteils durch Absorption eines Röntgenquants, verursacht wird. Wenn auch die eindeutige Bestimmung des den biologischen Effekt auslösenden Ereignisses auf molekularer Ebene infolge der vielfältigen Strahlenwirkungen (s. Kapitel 4) in der Regel kaum möglich ist, so ist es doch wichtig, unterscheiden zu können, ob ein oder mehrere Ereignisse zur Auslösung des biologischen Effektes notwendig sind. Wird ein rein lineares Raster zur Darstellung von Dosiseffektkurven gewählt, so ergibt sich ein gekrümmter Kurvenverlauf, wenn ein Ereignis den Effekt verursacht. Bei den Schwankungen, die allen biologischen Experimenten anhaften, ist es schwieriger zu entscheiden, ob streuende Werte im linearen Raster einem gekrümmten Kurvenverlauf oder im halblogarithmischen Raster einem linearen Kurvenverlauf zuzurechnen sind (vgl. Abb. 40). Das ist der Grund für die Bevorzugung der halblogarithmischen Darstellungsform.

Nun verlaufen allerdings in vielen Fällen Dosiseffektkurven auch bei halblogarithmischer Darstellung nicht rein linear. Statt dessen ist im Bereich kleinerer Dosen häufig ein schulterförmiger Kurvenverlauf festzustellen, der bei höheren Dosen in einen linearen Kurvenverlauf übergeht. Man bezeichnet derartige Kurven daher

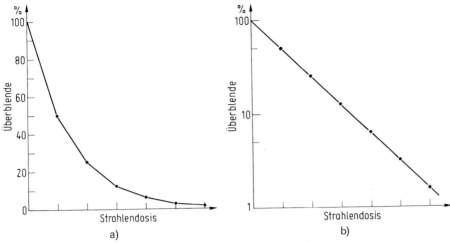

Abb. 40 Beispiel für eine Dosiseffektkurve, aufgetragen in a) linearem und b) halblogarithmischen Maßstab. Der Prozentsatz der Überlebenden ist auf der Ordinate aufgetragen, die Strahlendosis auf der Abszisse. Pro Dosiseinheit werden in diesem Beispiel jeweils 50% der Zellpopulation abgetötet, so daß mit zunehmender Dosis Punkte bei 50%, 25%, 12,5%, 6,25%, 3,13% und 1,56% in beiden Kurven eingetragen sind.

als „Schulterkurven" (Abb. 41). Während im linearen Kurvenbereich eine konstante Dosiszunahme mit einer konstanten Zunahme des biologischen Effekts verbunden ist, verändert sich im Schulterbereich die Zunahme des biologischen Effekts bei konstanter Dosiszunahme. Der biologische Effekt ist zunächst klein pro Dosiseinheit, wird dann größer und erreicht seine maximale Zunahme pro Dosiseinheit im linearen Kurvenverlauf.

Die Reduzierung der pro Dosiseinheit ausgelösten biologischen Effekte im Schulterbereich der Kurve ist, wie man heute weiß, eine Auswirkung von Reparaturprozessen. Werden bei Applikation kleiner Strahlendosen nur relativ wenige Schäden

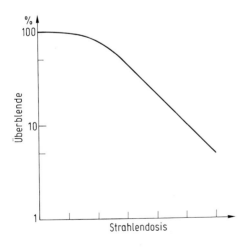

Abb. 41 Beispiel für Dosiseffektkurve mit Schulter. Weiteres im Text.

erzeugt, so können diese weitgehend repariert werden. Mit zunehmender Strahlendosis nimmt die Anzahl der Schäden zu und die zelluläre Reparaturfähigkeit ab. Das bedeutet jedoch nicht, daß in Dosisbereichen, in denen ein linearer Verlauf der Dosiseffektkurve festgestellt wird, überhaupt keine Reparaturen mehr stattfinden. Werden Zellstämme isoliert, bei denen alle Reparaturvorgänge als Folge von Mutationen ausgeschaltet sind, so zeigen die entsprechenden Dosiseffektkurven keine Schulter und einen wesentlich steileren Abfall (Abb. 42).

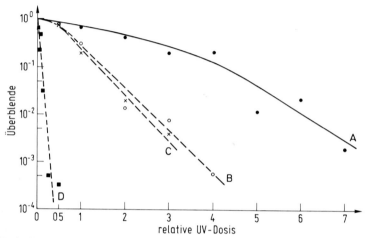

Abb. 42   Dosiseffektkurven für 4 Hefestämme.
A) Stamm mit vollem Reparaturvermögen
B) und C) Stämme bei denen wahrscheinlich ein postreplikativer Reparaturprozess ausgefallen ist.
D) Stamm ohne Kurzstrang-Nucleotid-Excision.
(Aus Laskowski u. Lehmann-Brauns, 1973)

Tumorzellen unterscheiden sich von gesunden Zellen durch ihre schnellere Teilungsfolge. Die höhere Zellteilungsrate ist eine Voraussetzung für die Bildung bösartiger Geschwülste. Infolge der schnelleren Teilungsrate bleibt ihnen weniger Zeit für die praereplikative Reparatur strahleninduzierter DNS-Schäden als gesunden Zellen. Tumorzellen sollten daher strahlensensibler als die Zellen des sie umgebenden gesunden Gewebes sein. Jedoch bestehen in der Regel innerhalb einer Population maligner Zellen Differenzen in der Strahlenempfindlichkeit. Eine wesentliche Ursache dieser Differenzen liegt in der unterschiedlichen Sauerstoffversorgung als Folge mangelhafter Durchblutung. Im Inneren eines Tumors ist die Sauerstoffversorgung in der Regel schlecht, während an der Tumor-Peripherie die Sauerstoffversorgung der des gesunden Gewebes gleicht. In den Zwischenbereichen findet man Übergangswerte. Der Anteil der nicht mit Sauerstoff versorgten (anoxischen) Zellen eines Tumors kann 10% betragen. Da Abwesenheit von Sauerstoff die strahleninduzierten biologischen Effekte reduziert (vgl. S. 36), sind die anoxischen Tumorzellen am strahlenresistentesten. Ihre Vernichtung entscheidet über den Erfolg einer

Strahlentherapie. Werden sie nicht vernichtet, kann zwar nach Bestrahlung der Tumordurchmesser zunächst abnehmen, aber später können sich Rezidive aus überlebenden strahlenresisten anoxischen Zellen bilden.

Infolge einer engen Verflechtung der bösartigen Geschwülste mit dem gesunden Gewebe der Umgebung läßt sich bei einer Tumorbestrahlung die Mitbestrahlung des gesunden Umgebungsgewebes nicht vermeiden. Die zur Vernichtung der strahlenresistenten anoxischen Tumorzellen notwendige hohe Strahlendosis muß daher so appliziert werden, daß das gesunde Gewebe möglichst geschont wird. Das kann auf verschiedene Weisen erreicht werden:

a)   Durch Schwenkung der Strahlenquelle um den Patienten (Pendelbestrahlung) erhält nur der Tumor die Gesamtdosis, das davor liegende gesunde Gewebe aber nur Teildosen (räumliche Dosisverteilung),
b)   durch Spickung des Tumors mit radioaktiven Stoffen, sogenannten seeds, (räumliche Dosisverteilung)
c)   durch Aufteilung der Gesamtdosis auf mehrere Einzeldosen (zeitliche Dosisverteilung).

Im Zusammenhang mit Reparaturprozessen ist für uns Fall c) von Interesse. Eine zeitliche Verteilung (Fraktionierung) der Gesamtdosis bewirkt Reparaturchancen nach jeder Einzeldosis, die aus den oben erwähnten Gründen vom gesunden Gewebe effektiver als vom Tumorgewebe genutzt werden können. Darüberhinaus wurde beobachtet, daß bei fraktionierter Strahlentherapie anoxische Zellverbände im Tumor wieder besser mit Sauerstoff versorgt werden (Reoxygenierung). Durch Abtötung der peripheren strahlensensiblen Tumorzellen kann eine O_2-Versorgung der anoxischen Zellen wieder eintreten, die dadurch wieder strahlensensibler werden. Die Fraktionierung der Gesamtdosis in mehrere Einzeldosen, die durch bestrahlungsfreie Intervalle getrennt sind, ist daher eine heute häufig angewandte Strahlentherapie-Methode. So ist es üblich, eine Gesamttumordosis von 5000 bis 6000 rad, in Einzelfraktionen von 200 bis 500 rad über einen Zeitraum von 6 bis 12 Wochen verteilt, zu verabreichen. Die Festsetzung der Gesamtdosis, der Einzeldosen, sowie der Zeitintervalle zwischen den Einzeldosen kann nur unter Berücksichtigung der Strahlensensibilität der Tumorzellen, der Tumorgröße zu Beginn der Strahlentherapie, der Wachstumsrate der Tumorzellen, sowie der Durchblutung des Tumors erfolgen. Naturgemäß wird es nicht immer möglich sein, alle dafür notwendigen Werte in jedem Einzelfall zu erhalten. Dann muß auf Erfahrungswerte ähnlich gelagerter Fälle zurückgegriffen werden.

7.2 Einfluß der Ionisierungsdichte (LET)

Im Kapitel 2.4 ist bereits auf die unterschiedliche relative biologische Wirksamkeit ionisierender Strahlen mit unterschiedlichem linearem Energietransfer (LET) hingewiesen worden. Vergleicht man Dosiseffektkurven von Röntgenstrahlen mit sol-

chen dichter ionisierender Strahlen (s. Abb. 43), so fällt auf, daß bei letzteren der
Schulterbereich kleiner und die Neigung des linearen Kurventeils steiler ist. Mit
kleineren Strahlendosen können also größere biologische Wirkungen erzielt
werden, da offensichtlich die durch dicht ionisierende Strahlen hervorgerufenen
Schäden nicht so effektiv repariert werden wie Röntgenstrahlenschäden.

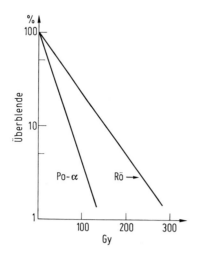

Abb. 43   Dosiseffektkurven für das Überleben haploider   Hefezellen nach Behandlung mit Röntgen
strahlen oder α-Strahlen. (Nach Laskowski, 1964)

Eine strahlentherapeutisch interessante Besonderheit dicht ionisierender Strahlen
ist die deutliche Verminderung des Einflusses von Sauerstoff auf die biologische
Strahlenwirkung. Im vorangehenden Abschnitt ist darauf hingewiesen worden, daß
in Gegenwart von molekularem Sauerstoff bei Bestrahlung mit ionisierenden
Strahlen eine Sensibilisierung der Zellen eintritt, die strahleninduzierten biologischen Effekte treten also in größerem Ausmaß als bei Abwesenheit von O_2 auf.

Die O_2-Sensibilisierung läßt sich quantitativ erfassen, wenn man die Strahlendosen,
die zur Erzielung eines bestimmten biologischen Effektes (z.B. Inaktivierung von
90% der Zellen einer Zellpopulation) in Gegenwart und in Abwesenheit von O_2
miteinander in Beziehung setzt. Man erhält damit einen Sensibilisierungsfaktor, der
allgemein als „oxygen enhancement ratio" (OER) bezeichnet wird.

$$OER = \frac{\text{notwendige Dosis in Abwesenheit von } O_2}{\text{notwendige Dosis in Gegenwart von } O_2}$$

Für Röntgen- und γ-Strahlen liegen OER-Werte etwa zwischen 2 und 3, für dicht
ionisierende Neutronenstrahlen dagegen bei 1,5. Deshalb hat eine Behandlung mit
dicht ionisierenden Strahlen eine große Bedeutung für schlecht mit O_2 versorgte

Tumoren. Auch die anoxischen Tumorzellen werden etwa gleichmäßig geschädigt wie die mit O_2 versorgten Zellen. Da die gesunden, sich langsam teilenden Zellen aber größere Chancen für praereplikative Reparaturen haben, sind die Bedingungen zur selektiven Vernichtung der Tumorzellen besonders günstig.

Literaturhinweise

Baudisch, E. (Herausgeber): Grundlagen der medizinischen Radiologie. Berlin (Ost) 1978

Diethelm, L., O. Olsson, F. Strnad, H. Vieten, A. Zuppinger (Herausgeber): Handbuch der medizinischen Radiologie. Berlin, Heidelberg, New York 1966

Herrmann, Th.: Klinische Strahlenbiologie. Jena 1978

Laskowski, W. u. E. Lehmann-Brauns: Cross sensitivity to mono- and bifunctional alkylating agents of three radiation – sensitive Saccharomyces mutants. Biophysik 10, 51, 1973

8 Reparatur und Evolution

Wir wissen jetzt, daß durch absorbierte Strahlenenergie in Desoxyribonucleinsäuremolekülen hervorgerufene Schäden in der Zelle wieder repariert werden können. In allen bisher untersuchten Zellen konnten zahlreiche Reparaturmechanismen nachgewiesen werden. Manche Reparaturmechanismen beseitigen spezifische Schäden (Photoreaktivierung – Pyrimidindimere), andere sind weniger spezialisiert, wie z.B. die Excision-Reparatur, durch die neben strahleninduzierten Schäden auch Schäden, die durch bestimmte chemische Noxen ausgelöst worden sind, beseitigt werden können. Im Rahmen dieses Buches wollen wir uns mit diesem Hinweis begnügen, ohne auf Einzelheiten der Wirkungen chemischer Noxen einzugehen. Erinnert sei nur daran, daß einige Reparaturprozesse fehlerfrei, andere dagegen fehlerhaft arbeiten. Auch das gilt nachweislich für die Reparatur chemisch induzierter Schäden.

Die Reparatur von Erbgutschäden bewirkt also in bestimmtem Ausmaß eine Konstanthaltung der Erbgutinformationen. Dieser Aspekt ist von so allgemeiner biologischer Bedeutung, daß in diesem abschließenden Kapitel einige hiermit zusammenhängende Probleme noch kurz erörtert werden sollen.

Die Entdeckung, daß in Desoxyribonucleinsäuremolekülen die Informationen für die Entwicklung und Erhaltung aller bekannten Lebewesen enthalten sind, hat die aus vielen anderen Beobachtungen erschlossene Annahme einer evolutiven Verwandtschaft aller unseren Planeten bevölkernden Lebewesen so bestärkt, daß heute keine berechtigten Zweifel mehr an einem gemeinsamen Ursprung aller Lebewesen bestehen. Im Laufe der seit der Bildung unseres Planeten verflossenen 4,5 Milliarden Jahre haben sich also aus einfachen informationstragenden, replikationsfähigen Molekülverbänden immer komplexere ein- und vielzellige Systeme entwickelt, die Evolution der Lebewesen.

Voraussetzung für jede Evolution sind in bestimmtem Ausmaß auftretende Informationsänderungen. Wäre z.B. die in den ersten vermehrungsfähigen Systemen vorhandene Information absolut konstant gehalten worden, so hätte das Leben diese einfache Stufe niemals überschreiten können, es gäbe heute keine Pflanzen und Tiere. Wären dagegen Informationsänderungen im Erbgut von Generation zu Generation sehr zahlreich erfolgt, so hätte ein an gegebene Umweltbedingungen angepaßter Zustand vermehrungsfähiger Systeme nicht aufrechterhalten werden können. Das schnelle Aussterben wäre eine sichere Folge.

Da Desoxyribonucleinsäuremoleküle natürlich dem Einfluß physikalischer oder chemischer Noxen stets ausgesetzt waren, war das Auftreten von Schäden unvermeidbar. Erst durch die Entwicklung von Reparatursystemen konnte das Ausmaß dieser Schäden eingegrenzt werden. Durch vier quantitative Beispiele über die bei Vermehrungsvorgängen auftretenden Fehlerraten soll das in der Natur Erreichte verdeutlicht werden.

A) Untersuchungen von Eigen haben gezeigt, daß bei Replikation von RNS außerhalb von Zellen, also in vitro, ohne Mitwirkung von Enzymen eine Fehlerrate von 10^{-2} auftritt. Wenn ein Ribonucleinsäuremolekül z.B. aus 100 Nucleotiden besteht, so wird bei der Replikation in der Regel ein falsches Nucleotid pro Molekül eingebaut.

B) Bei Bacteriophagen mit einsträngiger Ribonucleinsäure (z.B. Qβ-Phage) wird die Replikation der RNS durch eine RNS-Polymerase katalysiert. Dadurch wird die Fehlerrate auf etwa 10^{-4} gesenkt.

C) Bei Bakterien ist die DNS-Polymerase mit einer $3' \rightarrow 5'$ Exonucleasefunktion (s.S. 52) versehen, also einem Rückwärtsgang zum Korrigieren etwa falsch eingebauter Nucleotide. Hier treten Fehlerraten von 10^{-6} bis 10^{-7} auf.

D) Bei Eukaryonten (vgl.S.71) liegt das Erbgut in der Zelle in der Regel in doppelter Ausführung vor. Diese Zellen sind diploid. Dadurch ergibt sich die zusätzliche Möglichkeit der Rekombinations-Reparatur und die Fehlerrate sinkt in die Gegend von 10^{-8} bis 10^{-9}.

Diese vier Beispiele zeigen, daß durch Einsatz geeigneter Enzyme die Fehlerrate bei der Replikation von Nucleinsäuremolekülen über viele Zehnerpotenzen verringert wird. Man muß sich klarmachen, daß eine tolerable Fehlerrate natürlich keine konstante Größe sein kann, sondern von der Länge der das Erbgut bildenden Nucleinsäuren abhängig ist. Viren, wie die Bakteriophagen, brauchen weniger Informationen für ihre Vermehrung als Bakterien und diese brauchen wiederum weniger als hochspezialisierte Zellen von Eukaryonten (siehe Tab. 8). Eine Fehlerrate von etwa 10^{-4} ist daher für ein Virus mit einer Nucleinsäure aus 4500 Nucleotiden ausreichend, würde aber bei Eukaryonten mit mehr als 10^9 Nucleotiden zu etwa 10^5 Fehlern pro Replikation führen.

Es wird also in der belebten Natur die Erbinformation nicht absolut konstant gehalten, sondern es werden Informationsänderungen mit einer von der Gesamt-

Tabelle 8
Anzahl der Nucleotidpaare der DNS von Viren, Prokaryonten, sowie einfachen und komplexen Eukaryonten

	Zahl der Nucleotidpaare
Viren	$3 - 10 \cdot 10^3$
Bakterien	$3,8 \cdot 10^6$
Hefen (haploid)	$2 \cdot 10^7$
Mensch (haploid)	$2,3 \cdot 10^9$

menge der Erbinformationen abhängigen Rate toleriert. Diese Informationsänderungen nennt man bekanntlich „Mutationen". Mutationsraten sind allerdings nicht nur abhängig von den in der Zelle verfügbaren Reparaturmechanismen, sondern auch von der Anzahl der Reparaturenzyme eines Reparaturmechnismus pro Zelle. Sind viele Moleküle eines Enzyms in der Zelle, kann in der Regel effektiver repariert werden als wenn nur wenige Moleküle dieses Enzyms vorhanden sind.

Es ist heute erwiesen, daß die Anzahl eines Enzyms pro Zelle, also die zelluläre Konzentration eines Enzyms, einer Regulation unterworfen sein kann (s. S. 61 ff.). Derartige Regulationen von Enzymkonzentrationen sind ebenfalls von Erbgutinformationen (Genen) abhängig, die ihrerseits auch mutieren können. Mutationen von Genen, die zur Regulation notwendig sind, können dazu führen, daß Zellen eine erhöhte Anzahl von Schäden reparieren können, also resistenter werden, oder aber auch weniger Schäden reparieren können, also sensibler werden.

Aus diesen generellen Überlegungen wird klar, daß sich auf Grund der Organisation der Reparaturprozesse in Lebewesen immer wieder neue Gleichgewichte zwischen den Einflüssen der Umwelt und den Reaktionen der Lebewesen einstellen können, wenn zwei Voraussetzungen erfüllt sind:

1. dürfen Umweltveränderungen sich nur in relativ kleinen Schritten vollziehen, und
2. muß genügend Zeit zum Einstellen neuer Gleichgewichtszustände verfügbar sein.

Sorgfältig durchgeführte Strahlenschutzmaßnahmen sind zur Einhaltung dieser Voraussetzungen unerläßlich.

Literaturhinweise

Kondo, S.: DNA repair and evolutionary considerations. In: Advances in Biophysics (Herausgeber M. Kotani), Tokyo 1975

Eigen, M.: Selforganisation of matter and the evolution of biological macromolecules. Naturwissenschaften 58, 465, 1971

Eigen, M.: Zeugen der Genesis. Max Planck-Gesellschaft Jahrbuch 79, Göttingen 1979

Radman, M., J. Rommelaere u. M. Errera: Stability and evolution of DNA from the point of view of molecular radiobiology. In: Physicochemical properties of nucleic acids, Vol. 3. (Hrsgb. J. Duchesne), London, New York 1973

Register

Walter de Gruyter
Berlin · New York

W. Laskowski

Elemente des Lebens
Einführung in die Grundlagen der allgemeinen Biologie
17,5 cm x 26 cm. 190 Seiten. 74 Abbildungen. 1966. Vergriffen

W. Laskowski
(Hrsg.)

Der Weg zum Menschen
Vom Urnebel zum Homo sapiens
17,5 cm x 26 cm. 194 Seiten. 79 Abbildungen. 1968. Ganzleinen. DM 28,– ISBN 3 11 000920 X

W. Laskowski
(Hrsg.)

Geisteswissenschaft und Naturwissenschaft
Ihre Bedeutung für den Menschen von heute
14,4 cm x 21,5 cm. 193 Seiten. 1970. Flexibler Einband. DM 18,– ISBN 3 11 006336 0

E. Buddecke

Grundriß der Biochemie
Für Studierende der Medizin, Zahnmedizin und Naturwissenschaften.
6., neubearbeitete Auflage.

Mit ausgewählten Prüfungsaufgaben für das Sachgebiet „Physiologische Chemie" und Korrelationsregister zum Gegenstandskatalog „Physiologische Chemie" für die Ärztliche Vorprüfung (GK 1)

17 cm x 24 cm. XXXV, 583 Seiten. 400 Formeln, Tabellen und Diagramme. 1980. Flexibler Einband. DM 43,– ISBN 3 11 008388 4

Walter de Gruyter
Berlin · New York

A. Trautwein
U. Kreibig
E. Oberhausen

Physik für Mediziner
Biologen, Pharmazeuten
2., verbesserte Auflage.
17 cm x 24 cm. XIV, 576 Seiten.
353 Abbildungen. 1978. Flexibler Einband.
DM 38,– ISBN 3 11 007631 4
(de Gruyter Lehrbuch)

J. Kiefer
(Herausgeber)

Ultraviolette Strahlen
Autoren: J. Bensel, H. Blume, H. Güsten,
G. Heinrich, J. Kiefer, V. Schäfer, R. Schulze,
H. Tronnier, I. Wienand

17 cm x 24 cm. XVI, 660 Seiten.
246 Abbildungen. 113 Tabellen. 1977. Fester
Einband. DM 186,– ISBN 3 11 001641 9

W. Schlungbaum

Medizinische Strahlenkunde
Eine Einführung in die physikalischen, tech-
nischen und biologischen Grundlagen der
medizinischen Strahlenanwendung für Mediziner,
medizinisch-technische Radiologieassistentinnen
und -assistenten von Werner Schlungbaum
unter Mitarbeit von H. Griszat und R. Krüger.
6., neubearbeitete Auflage mit einem Anhang
Einstelltechnik.

15,5 cm x 23 cm. XXVI, 546 Seiten. Mit zahlreichen Abbildungen im Anhang. 1978. Flexibler
Einband. DM 68,– ISBN 3 11 007207 6

G. F. Neuder
H. M. Ullrich

Dictionary of
Radiological Engineering
Fachwörterbuch der radiologischen Technik
Dictionnaire de la technique radiologique
2nd revised edition.
1979. 13,5 cm x 20,5 cm. VIII, 310 pages.
Softcover. DM 62,– ISBN 3 11 007807 4